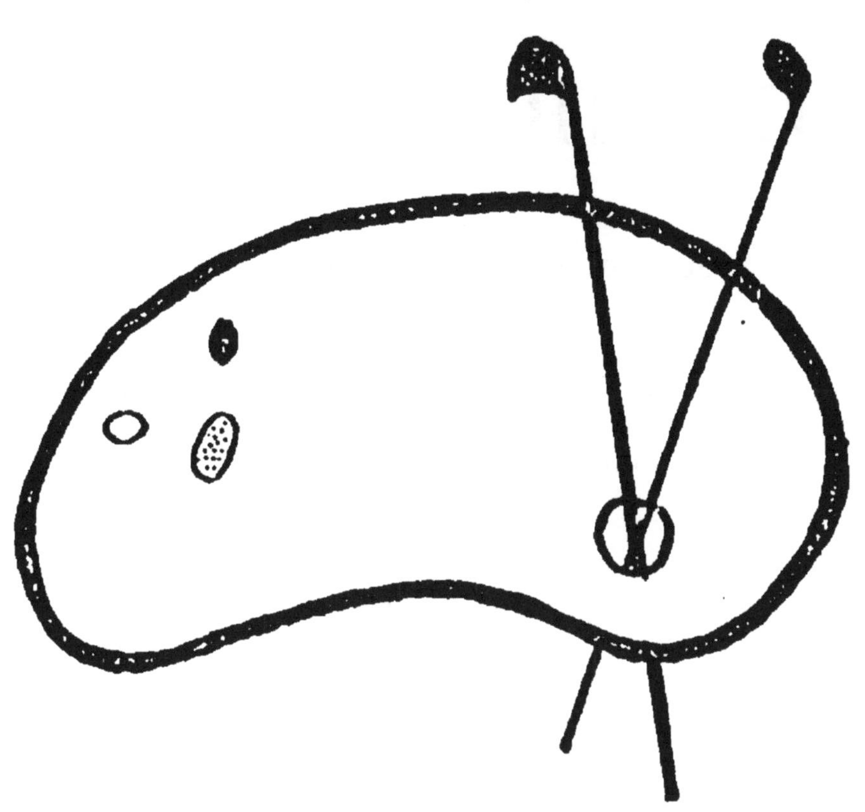

DEBUT D'UNE SERIE DE DOCUMENTS
EN COULEUR

COURS DE LA FACULTÉ DES SCIENCES DE PARIS
PUBLIÉES PAR L'ASSOCIATION AMICALE DES ÉLÈVES ET ANCIENS ÉLÈVES
DE LA FACULTÉ DES SCIENCES

CONFÉRENCES

FAITES

Au laboratoire de M. FRIEDEL

1889-1890

TROISIÈME FASCICULE

CONFÉRENCES DE MM. PH.-A. GUYE.
R. LESPIEAU. — F. COUTURIER. — V. AUGER
C. BIGOT
L. TISSIER. — DÉMÈTRE-VLADESCO

PARIS

GEORGES CARRÉ, ÉDITEUR
58, RUE SAINT-ANDRÉ-DES-ARTS, 58

1892

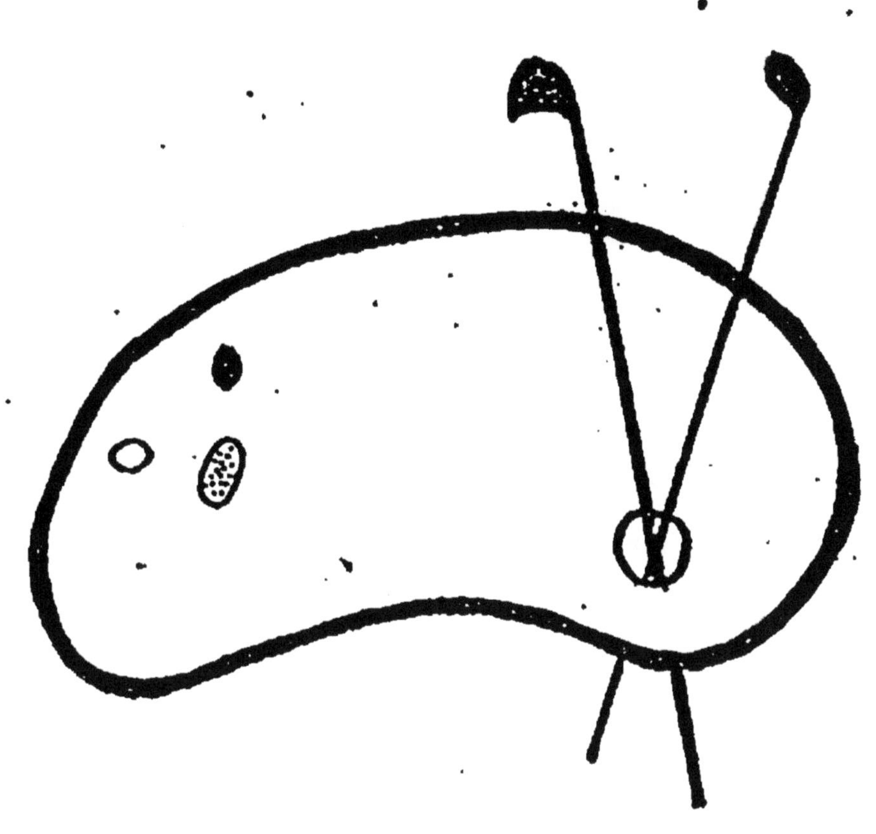

FIN D'UNE SERIE DE DOCUMENTS
EN COULEUR

CONFÉRENCES

Faites au laboratoire de M. FRIEDEL

1889-1890

TOURS. — IMPRIMERIE DESLIS FRÈRES

COURS DE LA FACULTÉ DES SCIENCES DE PARIS

PUBLIÉS PAR L'ASSOCIATION AMICALE DES ÉLÈVES ET ANCIENS ÉLÈVES
DE LA FACULTÉ DES SCIENCES

CONFÉRENCES

FAITES

Au laboratoire de M. FRIEDEL

1889-1890

TROISIÈME FASCICULE

CONFÉRENCES DE MM. PH.-A. GUYE.

R. LESPIEAU. — F. COUTURIER. — V. AUGER

C. BIGOT

L. TISSIER. — DÉMÈTRE-VLADESCO

PARIS

GEORGES CARRÉ, ÉDITEUR

58, RUE SAINT-ANDRÉ-DES-ARTS, 58

1892

M. PH.-A. GUYE

———

Le point critique et l'équation des fluides

Messieurs,

Le sujet que je désire traiter devant vous n'aura pas manqué de provoquer quelque peu votre étonnement. Vous vous serez demandé sans doute quels rapports l'étude des phénomènes qui se passent au point critique peut avoir avec la chimie.

La nature de ces rapports n'a pas fait jusqu'à présent l'objet d'études approfondies. Il y a encore là une lacune à combler. Mais on peut prévoir que dans un avenir peu éloigné les conséquences que l'on a su déduire de l'équation des fluides doivent jouer un rôle important dans la résolution de plusieurs problèmes de chimie théorique. C'est donc à ce titre que je vous demande la permission de venir résumer l'ensemble des résultats actuellement acquis dans ce domaine encore peu exploré.

Depuis longtemps, physiciens et chimistes ont cherché une relation générale entre le volume, la pression et la température, donnant sous n'importe quel état, liquide ou gazeux, l'une de ces quantités en fonction des deux autres.

Dans des limites restreintes, et lorsque les gaz sont assez éloignés de leur point de liquéfaction, on connaît depuis long-temps une forme très approchée de cette fonction : l'expression algébrique des deux lois classiques de Mariotte et de Gay-Lussac, soit

$$(1) \qquad pv = RT.$$

v représente le volume occupé par un gaz sous une pression p à une température t; T est la même température comptée depuis le zéro absolu ; donc $T = 273° + t$. La quantité R est une constante dont il est aisé de fixer la valeur en considérant un gaz sous l'unité de volume et sous l'unité de pression à la température de zéro de la glace fondante. Alors

$$p = 1, \qquad v = 1, \qquad T = 273° + 0°,$$

d'où l'on déduit

$$R = \frac{1}{273}.$$

Il est dès lors facile de voir que l'équation (1) est bien l'expression des faits. Si la température ne change pas, le second membre, et, par suite, le produit du volume par la pression, pv, restera constant; c'est ce que demande la loi de Mariotte.

Si, au contraire, la pression restant la même, la température varie, l'équation (1) deviendra, en tenant compte de la valeur

$$R = \frac{1}{273},$$

$$pv\,\frac{1}{273} = T, \qquad \text{ou} \qquad v = \frac{1}{273p}\,T ;$$

donc, pour toute élévation de température de 1°, sous pression constante, le volume augmentera d'une quantité constante égale à $\frac{1}{273}$ de sa valeur ; c'est ce qu'exige la loi de Gay-Lussac.

Si l'on songe aux applications nombreuses de ces deux lois, qui, pour ne citer qu'un exemple, ont permis aux chimistes de fixer, au moyen des densités de vapeur, la grandeur moléculaire de plusieurs milliers de corps, on entrevoit aisément tout l'intérêt qu'il y aurait de connaître la forme générale de la fonction entre les quantités p, v et t, applicable tant aux gaz qu'aux vapeurs et aux liquides.

Depuis quinze ans environ, plusieurs physiciens et savants éminents, notamment M. van der Waals (1), en Hollande, M. Sarrau (2), en France, et Clausius (3), en Allemagne, ont publié sur cette intéressante question une série de travaux qui lui ont fait faire un grand pas.

Bien que nous ne connaissions pas encore l'équation générale des gaz et des liquides sous sa forme définitive et rigoureusement exacte, nous sommes aujourd'hui en état de la représenter avec une très grande approximation par une formule ne contenant qu'un petit nombre de constantes. Ce sont ces résultats et les conséquences qu'on en déduit que je me propose d'exposer devant vous en prenant d'abord pour guide le mémoire de M. van der Waals.

(1) VAN DER WAALS, *Die Continuität des gasförmigen und flüssigen Zustandes*, 1881 (Traduction d'une thèse hollandaise, 1873).

(2) SARRAU, *Journal de Ph.* (1), 2-318 (1873). — *C. R.*, 91, 639, 718, 845 (1882). — *C. R.*, 101, 941 (1885). — *C. R.*, 110 (1890).

(3) CLAUSIUS, *Wied. Ann.*, 9, 127 (1879). — 14, 279 et 692 (1881).

I. — L'ÉQUATION FONDAMENTALE

Les physiciens d'aujourd'hui reprenant l'hypothèse de Daniel Bernouilli admettent qu'une masse gazeuse est formée d'un nombre considérable de molécules animées de mouvements rapides de translation.

Ces molécules rencontrent les parois des vases qui renferment les gaz, de sorte que la pression est la résultante des chocs des molécules contre ces parois. Le calcul démontre que les lois de Mariotte et de Gay-Lussac, représentées par l'équation (1) donnée plus haut, sont des conséquences toutes naturelles de l'hypothèse de Bernouilli.

Mais, pour arriver à ce résultat, on néglige deux facteurs importants. D'une part, on ne tient aucun compte de l'attraction des molécules gazeuses les unes pour les autres, attraction d'autant plus appréciable que la matière gazeuse est plus comprimée et que ses particules sont par conséquent plus rapprochées.

On assimile d'autre part ces dernières à de simples points matériels sans dimensions, de sorte que, si l'on considère une masse gazeuse renfermée dans un vase cubique par exemple, on admet — dans l'hypothèse de Bernouilli — que le chemin parcouru par une molécule se transportant normalement d'une paroi du récipient à la paroi opposée est strictement égal à la distance séparant ces deux parois. Si l'on veut tenir compte du volume de la molécule, il n'en est plus ainsi, et le chemin parcouru par le centre de gravité de la molécule est alors égal à la distance séparant les deux parois, diminuée de deux fois la distance comprise entre le centre de gravité de la molécule et la paroi au moment du choc.

M. van der Waals a cherché ce que devenait l'équation (1) indiquée plus haut, lorsqu'on veut tenir compte de ces deux corrections, et il a trouvé qu'il fallait ajouter à la pression un terme égal à $\frac{a}{v^2}$ désigné sous le nom de *pression interne* et retrancher du volume une quantité constante b que l'on a appelée le *covolume*.

La pression interne n'est au fond qu'une pression égale à la résultante des attractions réciproques des molécules ; la constante a a donc reçu le nom d'*attraction spécifique moléculaire ;* quant au covolume, il est, d'après M. van der Waals, un multiple — le quadruple — du volume total et invariable occupé par les molécules gazeuses. Dans ces conditions l'équation des gaz devient, en donnant aux lettres p, v, T, les mêmes significations que précédemment :

$$(2) \qquad \left(p + \frac{a}{v^2}\right)(v - b) = \mathrm{R}\mathrm{T}$$

R est une constante numérique dépendant des conditions initiales des expériences et du choix des unités. Les constantes a et b sont numériquement très petites et inférieures à l'unité.

Je tâcherai de vous montrer que cette équation rend compte de toutes les propriétés des gaz et des vapeurs, qu'elle fait prévoir et réunit dans un même corps de doctrines un grand nombre de faits d'expérience qui avaient paru jusqu'alors absolument hétérogènes. Enfin, sans être rigoureusement applicable aux liquides, elle permet d'en découvrir plusieurs propriétés importantes. C'est donc bien l'*équation fondamentale des fluides.*

II. — Propriété des gaz

Je rappelais, il y a quelques instants, que les gaz considérés à des températures assez éloignées de leur point de liquéfaction suivent avec une exactitude très satisfaisante les deux lois de Mariotte et de Gay-Lussac. L'équation fondamentale des fluides va nous montrer qu'il doit en être ainsi.

En effet aux températures élevées, le volume occupé par un gaz est considérable. Les constantes a et b étant, d'autre part, beaucoup plus petites que l'unité, la fraction $\frac{a}{v^2}$ sera négligeable relativement à p, ainsi que le terme b relativement à v. Les termes $\frac{a}{v^2}$ et b disparaissant de l'équation (2), celle-ci se confondra avec l'équation (1), qui représente les lois de Mariotte et de Gay-Lussac. Ces deux lois deviennent donc des conséquences nécessaires de l'hypothèse de Bernouilli convenablement interprétée.

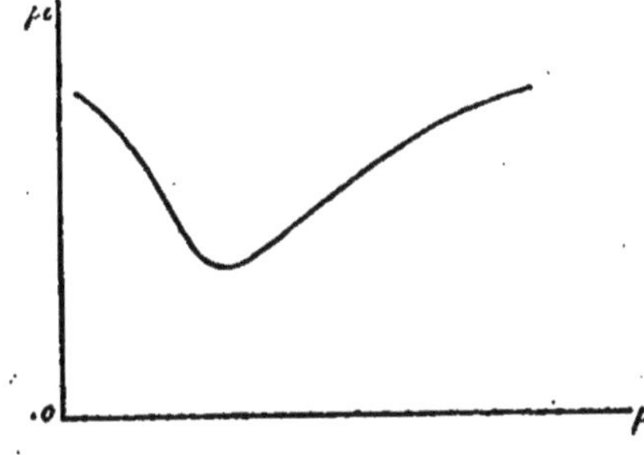

Revenons maintenant au cas où le gaz se rapproche du point de liquéfaction. L'expérience démontre que, si l'on comprime un gaz à température constante, le produit du volume par la pression, pv, ne reste pas constant, ainsi que cela devrait être si la loi de Mariotte était rigoureusement exacte. A mesure que la pression s'élève, le produit pv diminue jusqu'à une certaine valeur minimum, à partir de laquelle il repasse par des valeurs croissantes. Gra-

:phiquement, le produit pv ne peut donc être représenté par une droite parallèle à l'axe des pressions, mais bien par une courbe affectant la forme de la figure ci à côté.

Or, de l'équation (2) on peut tirer la valeur de pv

$$(3) \qquad pv = \mathrm{RT} - \frac{a}{v} + \left(\frac{ab}{v^2} + bp \right) ;$$

et il est facile de voir que cette valeur de pv est l'expression même des faits.

A température constante, le premier terme du second membre ne changera pas. En outre, on sait qu'à de faibles valeurs de p (c'est-à-dire à de faibles pressions) correspondent des valeurs relativement grandes de v (c'est-à-dire de grands volumes).

De là résulte que le terme négatif $\dfrac{a}{v}$ l'emportera d'abord sur le terme positif $\left(\dfrac{ab}{v^2} + pb \right)$ et que, conformément à l'expérience, les valeurs de pv devront décroître. Mais, à mesure que la pression p s'élève, on sait aussi que v diminue, de sorte qu'à partir d'une certaine valeur de p, le terme positif $\left(\dfrac{ab}{v^2} + bp \right)$ l'emportera à son tour sur le terme négatif $\dfrac{a}{v}$ et que les valeurs de pv, après avoir passé par un minimum prendront à leur tour des valeurs croissantes. On voit donc que l'équation (4) fait prévoir des variations de la quantité pv tout à fait d'accord avec celles qu'indique l'expérience ; ces écarts de la loi de Mariotte, bien loin de constituer une anomalie inexplicable, apparaissent dès lors comme une conséquence nécessaire de l'équation fondamentale des fluides.

L'étude des formes que prend cette équation lorsqu'on l'applique au cas de la dilatation des gaz à volume constant va nous conduire encore à des résultats bien vérifiés par les faits.

Supposons en effet une masse gazeuse occupant le volume v_0 sous la pression p_0 et à la température de 0° centigrade, soit à la température absolue de 273°. Nous avons dit que ces quantités déterminent la constante R :

$$(a) \qquad \left(p_0 + \frac{a}{v_0^2}\right)(v_0 - b) = \text{R}.273.$$

Chauffons cette masse gazeuse, à volume constant, jusqu'à une température $t°$ telle que $\text{T} = 273 + t$. Soit p_t la pression à laquelle elle fera alors équilibre. Cette pression sera donnée par l'équation fondamentale (2) dans laquelle nous ferons $p = p_t$ et $v = v_0$ puisque le volume reste constant, soit :

$$(b) \qquad \left(p_t + \frac{a}{v_0^2}\right)(v_0 - b) = \text{RT}.$$

Retranchant (a) de (b) il vient

$$(p_t - p_0)(v_0 - b) = \text{R}\,(\text{T} - 273) = \text{R}t;$$

divisant par p_0 (la pression initiale), et remplaçant R par sa valeur tirée de (a), on a

$$\frac{p_t - p_0}{p_0} = \frac{1}{273}\left\{ 1 + \frac{a}{p_0 v_0^2} \right\} t.$$

D'une manière générale, on aura de même

$$\frac{p_{t_2} - p_{t_1}}{p_0\,(t_2 - t_1)} = \frac{1}{273}\left(1 + \frac{a}{p_0 v_0^2}\right).$$

Le premier membre de cette équation n'est autre que le coefficient de dilatation à volume constant. Désignons-le par α :

$$(c) \qquad \alpha = \frac{1}{273}\left(1 + \frac{a}{p_0 v_0^2}\right).$$

Cette équation (c) se prête à une vérification importante.

Son second membre étant indépendant de t, nous devons en conclure que *le coefficient de dilatation à volume constant ne dépend que du volume et nullement de la température*. Il conserve donc la même valeur à tous les degrés de l'échelle thermométrique ; à ce titre, c'est une mesure exacte de la température.

Cette conclusion se trouve vérifiée par les belles recherches de Regnault sur les thermomètres à gaz. Le grand physicien avait en effet constaté que tous ces instruments, y compris le thermomètre à acide carbonique sont comparables entre eux jusqu'à 300°. Le gaz sulfureux ferait seul exception à la règle, mais cette anomalie paraît s'expliquer par la condensation exceptionnelle de ce gaz sur les surfaces de verre.

III. — LES TROIS ÉTATS

Reprenons l'équation fondamentale et ordonnons-la par rapport à v :

$$(4) \qquad v^3 - \left(b + \frac{RT}{p}\right)v^2 + \frac{a}{p}v - \frac{ab}{p} = 0.$$

Cette équation est du troisième degré en v. Or, comme toute équation du troisième degré possède ou trois racines réelles ou une seule racine réelle (les deux autres devenant alors imaginaires) nous concluons qu'un même corps est susceptible de se présenter dans de certaines conditions de température et de pression avec trois volumes caractéristiques ou avec un seul.

C'est ce que l'expérience vient confirmer: si nous considérons, en effet, les corps au-dessus de leur température critique — soit la température au-dessus de laquelle il est impossible de liquéfier une vapeur par la compression — nous ne leur connaissons qu'un seul volume caractéristique : leur volume de vapeur. Si nous soumettons ensuite ces mêmes corps à des températures assez basses pour que, passant à l'état liquide, leur tension de vapeur devienne nulle ou négligeable, nous n'observons également qu'un seul volume caractéristique : leur volume de liquide.

Enfin entre ces limites extrêmes de température, un corps quelconque est susceptible d'exister sous trois états présentant chacun un volume caractéristique : l'état liquide, l'état de vapeur et un troisième état intermédiaire entre les deux premiers, très instable, dont l'existence, prévue par par M. J. Thomson, se trouve ainsi confirmée par la théorie.

Cet état instable, avec lequel nous sommes loin d'être bien familiarisés, joue probablement un rôle important dans les phénomènes météorologiques. Quelques savants ont en effet admis que la vapeur d'eau des hautes régions de l'atmosphère se trouve parfois sous ce troisième état instable. On expliquerait ainsi certaines pluies subites et torrentielles dont il est difficile de rendre compte par la simple condensation de la vapeur d'eau à la suite d'un abaissement de température.

Au point de vue expérimental, ce troisième état, intermédiaire entre l'état de liquide et l'état de vapeur, est étroitement relié aux phénomènes de retard d'ébullition et de retard de liquéfaction, de sorte qu'on peut le définir comme l'état limite vers lequel tendent les liquides surchauffés d'une part et les vapeurs surcomprimées d'autre part.

On voit donc que l'équation fondamentale dont nous sommes

partis fait prévoir, comme une conséquence nécessaire, l'existence d'un fluide sous trois états : l'état liquide, l'état de vapeur et l'état instable de M. Thomson, ainsi que la possibilité des phénomènes de retard d'ébullition et de retard de liquéfaction. Cette même équation doit encore nous conduire à une notion bien plus importante.

IV. — Le point critique

Les coefficients des termes en v^2 et v de l'équation (4) dépendent à la fois des constantes a, b, R, et des deux éléments variables, la pression p et la température T, qui se trouvent eux-mêmes fixées par les conditions des expériences. On peut dès lors concevoir que les coefficients de v^2 et de v ainsi que le terme connu $\dfrac{ab}{p}$ prennent des valeurs telles que les trois racines de l'équation (4) deviennent égales, en d'autres termes que les volumes d'un corps à l'état liquide, à l'état gazeux et à l'état instable deviennent eux-mêmes identiques. Cette condition est précisément réalisée au point critique. L'expérience démontre, en effet, que le volume de la vapeur tend à s'identifier avec celui du liquide à mesure que l'on se rapproche de part et d'autre du point critique : à plus forte raison, doit-il en être de même pour le volume caractéristique de l'état instable, ce volume étant toujours compris entre le volume de la vapeur et celui du liquide.

On peut aller encore plus loin : il existe des relations algébriques nécessaires entre les racines d'une équation du troisième degré et les coefficients de celle-ci, lorsque ses trois racines deviennent égales. Au moyen de ces relations, et en désignant par π, θ et φ les valeurs que prennent p, T, et v au point critique, on a pu établir des équations de condition entre les constantes a et b et les constantes critiques π, θ et φ. Ces équations sont

$$(5) \qquad b = \frac{\varphi}{3},$$

$$(6) \qquad a = 3\pi\varphi^2,$$

$$(7) \qquad \frac{3}{8 \times 273}\, \theta = \frac{\pi\varphi}{(1 + 3\pi\varphi^2)\left(1 - \frac{\varphi}{3}\right)}.$$

Pourvu que l'on ait déterminé la pression critique et la température critique d'un corps, on peut donc calculer la valeur des constantes a et b, et, introduisant ensuite ces valeurs de a et de b dans les équations précédentes, les employer pour diverses vérifications. Nous en reproduirons deux exemples qui donneront une idée de la précision à laquelle on peut arriver.

M. van der Waals a trouvé que la température critique de l'éthylène est de $+9°.3$ et sa pression critique de 58 atm. En d'autres termes, dans l'équation (7), $\theta = 273 + 9°,3$ et $\pi = 58$; cette équation donnera la valeur de φ ; celle-ci au moyen de l'équation (5) la valeur de b, et de l'équation (6) enfin on tirera la valeur de a. Tous calculs faits, on a trouvé $a = 0,0101$ et $b = 0,0020$.

Si l'on introduit ces valeurs de a et de b dans l'équation (3), on pourra calculer des valeurs du produit pv à une température donnée, et si les théories qui viennent d'être exposées sont fondées, ces valeurs devront s'identifier avec celles qu'indique l'expérience. Cette vérification a été faite par M. Baynes (1) au travail duquel nous empruntons les chiffres suivants : ils sont relatifs à la température de 20°.

Pression en atmosphères	Produit pv calculé	Produit pv observé
45,80	782	781
84,16	392	399
133,26	520	529
282,21	940	941
398,71	1254	1248

L'accord est très satisfaisant. Il en est de même de l'exemple suivant extrait d'un travail de M. Korteweg (2). Le coefficient moyen de dilatation de l'acide carbonique a été calculé à l'aide des valeurs de a et de b, telles qu'elles sont données par la détermination des constantes critiques de ce gaz. L'accord entre les résultats du calcul et de l'expérience est encore plus remarquable.

Coefficient moyen de dilatation de CO_2

De 0° à $t°$	Formule de M. van der Waals	Trouvé par M. Amagat
$t = 50$	0,003714	0,003714
100	0,003711	0,003711
150	0,003708	0,003706
200	0,003705	0,003704
250	0,003703	0,003703

(1) Baynes, *Beiblätter*, 4, 704 (1880).
(2) Korteweg, *Pogg. Ann.*, NF. 12, 146 (1881).

V. — LES ÉTATS CORRESPONDANTS

Nous avons fait remarquer au début de cette étude que l'équation des fluides, sans être rigoureusement applicable à toute l'étendue de l'état liquide, permettait cependant de déduire plusieurs propriétés remarquables des liquides. Nous ne suivrons pas M. van der Waals dans les développements analytiques qui l'ont conduit à sa théorie fort ingénieuse des *états correspondants*. Il nous suffira d'en indiquer les résultats qui sont assez frappants pour attirer l'attention.

Physiciens et chimistes se sont en effet demandé depuis long' mps dans quelles conditions les propriétés des liquides sont comparables. On avait fait à ce sujet plusieurs hypothèses ; quelques auteurs avaient supposé ces conditions remplies à la température d'ébullition sous la pression atmosphérique ; d'autres, moins nombreux, à des températures et sous des pressions identiques. Toutes ces manières d'envisager la question, absolument arbitraires, se sont trouvées en contradiction avec les faits.

Or, voici que l'équation fondamentale des fluides permet d'établir, de la façon la plus inattendue, que les propriétés des liquides sont comparables lorsqu'on les considère sous des pressions représentant des fractions égales de leurs pressions critiques et à des températures représentant aussi des fractions égales de leurs températures critiques. L'expérience confirme ces prévisions, pour autant du moins qu'on possède les éléments suffisants de vérification.

En d'autres termes, si nous envisageons plusieurs liquides

dont les températures critiques soient Θ_1, Θ_2, Θ_3....., et les pressions critiques π_1, π_2, π_3....., ces liquides seront dans des conditions comparables toutes les fois qu'ils se trouveront à des températures T_1, T_2, T_3....., et sous des pressions p_1, p_2, p_3....., telles que les relations suivantes soient satisfaites :

$$(8) \qquad \frac{T_1}{\Theta_1} = \frac{T_2}{\Theta_2} = \frac{T_3}{\Theta_3}$$

$$(9) \qquad \frac{p_1}{\pi_1} = \frac{p_2}{\pi_2} = \frac{p_3}{\pi_3}$$

Lorsque les températures satisfont à la relation (9) on dit que ces températures sont *correspondantes*; on désigne de même les pressions satisfaisant la relation (10). Enfin si ces deux conditions sont remplies, les liquides se trouvent à des *états correspondants*.

VI. — CONCLUSIONS

Il nous resterait à dire quelques mots de deux équations plus compliquées par lesquelles on peut remplacer la formule de M. van der Waals. Elles n'en diffèrent du reste que par le mode d'évaluation de la pression interne qui serait non seulement une fonction du volume, mais encore une fonction de la température. Pour certaines applications numériques, on arrive ainsi à des résultats certainement plus exacts, notamment avec la formule suivante proposée par M. Sarrau :

$$\left(p + \frac{K\varepsilon^{-T}}{(v + \beta)^2}\right)(v - b) = RT.$$

Il nous suffira cependant d'insister sur ce fait que les déductions théoriques qui viennent d'être exposées peuvent se déduire aussi logiquement de l'équation de M. van der Waals que de ces deux formes modifiées. Toutes trois font prévoir qu'un fluide est susceptible d'exister sous trois états : l'état liquide, l'état gazeux et l'état instable intermédiaire. Toutes trois nous montrent que les lois de Mariotte et de Gay-Lussac ne peuvent être exactes que dans certaines conditions, et que lorsque ces lois sont en défaut, les écarts, bien loin de constituer des anomalies embarrassantes, sont au contraire des conséquences nécessaires de l'hypothèse fondamentale sur la constitution des gaz. Toutes trois enfin conduisent à une notion précise du point critique et permettent de fixer les conditions dans lesquelles les propriétés des liquides deviennent comparables. C'est là un point capital. Le jour où un ensemble d'expériences décisives permettra de se prononcer définitivement pour l'une et l'autre de ces équations, nous sommes assurés d'avance que les résultats importants que l'on a su en dégager n'en resteront pas moins acquis à la science.

M. R. LESPIEAU

AGRÉGÉ DE L'UNIVERSITÉ

Sur la pression osmotique

Messieurs,

Par la considération de la pression osmotique M. Van't Hoff est arrivé à un certain nombre de résultats intéressant la chimie. Je m'occuperai ici de l'application de la loi d'Avogadro aux solutions étendues et de la théorie des expériences de M. Raoult.

On appelle parois semi-perméables des parois qui, étant donnée une solution, se laissent traverser par le dissolvant mais non par le corps dissous. Les enveloppes cuticulaires des cellules semblent jouir de cette propriété. Pfeffer a obtenu artificiellement des parois semi-poreuses. Il prend un vase de pile, l'emplit d'une solution à 3 0/0 de sulfate de cuivre, puis le plonge dans une solution à 3 0/0 de ferrocyanure de potassium. Ces deux solutions se rencontrent dans la paroi et y produisent un précipité de ferrocyanure de cuivre. Le vase ainsi préparé est semi-perméable, vis-à-vis des solutions de sucre, par exemple.

Prenons un tel vase, versons-y de l'eau sucrée, fermons le par un piston sans poids, infiniment mobile, touchant le liquide. Plongeons le vase dans de l'eau pure de façon que les niveaux extérieur et intérieur soient les mêmes. Nous verrons le piston se soulever. Pour empêcher ce mouvement, il faudra le char-

ger de poids qui contrebalanceront « la pression osmotique »
et la mesureront, du moins théoriquement.

Nous allons démontrer que la pression osmotique joue
vis-à-vis des solutions étendues, les seules dont il s'agisse par
la suite, le rôle de la pression élastique dans les gaz parfaits.

On sait par les expériences de Pfeffer que, pour une solution
de concentration et de température données, la pression osmotique a une valeur parfaitement déterminée ; que cette pression
croît constamment quand la température croît. Il y a donc
entre la concentration, la pression osmotique et la température une relation

$$T = \varphi\,(P,C).$$

Comme le volume de la solution, contenant un Kg de
matière dissoute, est inversement proportionnel à la concentration, c'est ce volume V que je prendrai pour inconnue au
lieu de C.

1° *Loi de Mariotte.* — Si T est constant, PV l'est aussi.
D'où

$$PV = f\,(T).$$

C'est assez naturel. On peut attribuer une origine cinétique
à la presion osmotique. Or le nombre de chocs des molécules
dissoutes contre la paroi par unité de temps est inversement
proportionnel au volume offert à un même nombre de molécules. Mais on peut imaginer aussi que cette pression est due
à une attraction du corps dissous pour le dissolvant extérieur.
Cette attraction sera proportionnelle au nombre de molécules,
car chacune d'elles a son action propre, non modifiée par la
présence des autres, puisque les solutions sont assez étendues
pour qu'il n'y ait pas d'actions réciproques entre les molécules

dissoutes. La quantité de dissolvant tendant à entrer dans le volume occupé par n molécules étant toujours la même, la pression résultante sera inversement proportionnelle au volume de ces n molécules.

On doit donc avoir $\dfrac{P}{C} =$ constante si T est constant. Pfeffer l'a vérifié sensiblement. — De Vries, mettant au contact de cellules végétales munies de leur enveloppe des solutions de concentrations diverses, note celle au contact de laquelle la cellule ne subit pas de déformation. Il n'y a pas alors d'échange, c'est-à-dire que la pression osmotique est la même à l'intérieur qu'à l'extérieur de la cellule. On forme ainsi une série de solutions d'égale pression osmotique « isotoniques ». Avec les cellules d'une autre plante, on forme une deuxième série, etc.

Voici quatre séries :

	AzO^3K	$C^{12}H^{22}O^{11}$	SO^4K^2
I	0,12		0,09
II	0,13	0,2	0,1
III	0,195	0,3	0,15
IV	0,26	0,4	

Si la loi est vraie, on doit avoir

$$\frac{0,13}{0,2} = \frac{0,195}{0,3} = \frac{0,26}{0,4}$$

ce qui est exact (0,65). De même

$$\frac{0,12}{0,09} = \frac{0,13}{0,1} = \frac{0,195}{0,15}$$

c'est-à-dire $1,33 = 1,3 = 1,3$, ce qui est suffisant.

2° *Loi de Gay-Lussac.* — Le quotient $\dfrac{P}{T}$ ne dépend que de la concentration. Il est fixe si V est constant.

Pour le démontrer, cherchons de quoi dépend l'énergie interne de la solution : 1° des travaux effectués par les actions réciproques des molécules dissoutes, actions que nous négligeons ; 2° des forces vives des molécules dissoutes que nous admettrons ne dépendre que de la température. Alors cette énergie $U = f(T)$.

Or le principe de la conservation de l'énergie donne :

$$dQ = dU + A p\, dV.$$

Le principe de Carnot toujours applicable quand deux variables définissent l'état d'un corps :

$$\frac{dQ}{T} = \text{différentielle exacte.}$$

C'est-à-dire ici :

$$\frac{f'(T)}{T}\, dT + A\, \frac{P}{T}\, dV = \text{différentielle exacte.}$$

D'où

$$\frac{P}{T} = \varphi(V).$$

Voici deux vérifications d'après les données de Pfeffer :

1° Solution de sucre

à 32°	$P = 544$
14°15	$P = 510$ au lieu de 512 calculé ;

2° Solution de tartrate de sodium

à 37°3	$P = 983$
13°3	$P = 908$ au lieu de 907 calculé.

D'autre part, Donders et Hamburger ont vérifié que des solutions isotoniques à 0° l'étaient encore à 34°.

Puisque $PV = f(T)$ et que $\dfrac{P}{T} = \varphi(V)$ il faut

$$PV = KT,$$

K étant une constante.

Pour les gaz supposés parfaits on a

$$(\alpha) \qquad pv = RT,$$

p étant la pression élastique.

Posons $K = Ri$; la loi des solutions étendues sera

$$(\beta) \qquad PV = RiT,$$

P étant la pression osmotique.

On a facilement la valeur numérique de R.

Evaluons p en kilogrammes par mètre carré, T en degrés absolus, v en mètres cubes. Convenons en outre que v sera le volume de M Kgs d'un corps de poids moléculaire M, c'est-à-dire de 2 Kgs d'hydrogène, 32 Kgs d'oxygène, etc. Quel que soit le corps, v sera le volume d'un même nombre de molécules.

Pour $T = 273$ et $p = 10333$, c'est-à-dire à 0° et 760^{mm} on connaît le volume de 2 Kgs d'hydrogène. On porte dans l'équation α et on tire

$$R = 845.$$

L'équation

$$(1) \qquad pv = 845\,T$$

s'applique d'ailleurs à tous les gaz car, d'après la loi d'Avogadro, dans les mêmes conditions de température et de pression, v est le même pour tous les gaz.

Pour les corps dissous on aura

$$(2) \qquad PV = 845iT.$$

Dans un grand nombre de cas, nous le verrons dans la suite, $i = 1$. S'il en est ainsi, V étant le volume d'un nombre constant de molécules, la loi de Mariotte s'étend aux solutions. « Dans les mêmes conditions de température et de pression osmotique des volumes égaux de différentes solutions contiennent le même nombre de molécules. »

Ceci s'applique au cas $i = 1$, car l'équation (2) devient alors, comme l'équation (1) indépendante de la nature du corps :

$$(3) \qquad PV = 845T.$$

M. Van't Hoff a démontré que, lorsqu'on a affaire à un gaz se dissolvant en suivant les lois de Henry, $i = 1$. Mais cela a lieu dans bien d'autres cas : en voici un exemple qu'il cite : Pfeffer a donné les pressions osmotiques P d'une solution de sucre à 1 0/0 à différentes températures. On ne peut comparer ces pressions à celles du sucre gazeux. Cependant on peut calculer les pressions élastiques p de n molécules d'H gazeux occupant un volume égal à celui de n molécules de sucre en dissolution. On devra avoir :

$$\frac{P}{p} = i$$

puisque l'équation (1) serait applicable au sucre gazeux et que V et T ont la même valeur dans les équations (1) et (2).

En calculant ainsi i on trouve :

Température centigrade	Valeur de i
6,8	1
13,7	1,01
14,2	0,99
15,5	1
22	1,03
32	0,99
36	1,02

Il s'ensuit que pour le sucre de canne $i = 1$.

Les vérifications sont très suffisantes, vu la difficulté des mesures. On vérifie en outre que $\frac{PV}{T}$ est aussi constant que $\frac{pv}{T}$, ce qui confirme la formule (2) de M. Van't Hoff.

Ici se place une remarque dont nous aurons besoin par la suite.

Les équations (1) et (2) peuvent s'écrire en désignant par A l'équivalent calorifique du travail

$$Apv = \frac{845T}{425},$$

(α) $$Apv = 1,988T,$$

$$APV = 1,988\, iT,$$

ou en désignant par ϖ la pression osmotique et par a la constante $1,988\, i$

(β) $$A\varpi V = aT$$

Si d'ailleurs on a affaire à une solution renfermant P Kgs d'un corps de poids moléculaire M dissous dans 100 Kgs de dissolvant, la solution étant assez étendue pour que son volume ne diffère de celui du dissolvant pur que d'une quantité négligeable,

$$V = \frac{100M}{P}\,\varphi$$

φ étant le volume de 1 Kg du dissolvant, car V est le volume occupé par M Kgs du corps dissous. D'où

$$(\gamma) \qquad \Lambda\varpi\,\frac{100M}{P}\,\varphi = aT.$$

VALEUR DE LA CONSTANTE CRYOSCOPIQUE

Considérons la solution dont nous venons de parler. Soit $T - \Delta$ sa température de congélation, T étant celle du dissolvant pur.

Si, faisant varier P, on construit la courbe ayant pour ordonnées $\frac{\Delta}{P}$ et pour abscisses Δ, on obtient dès que Δ est supérieur à quelques dixièmes de degré une partie sensiblement rectiligne assez étendue. On est conduit à penser que si des phénomènes secondaires ne se produisaient pas dans les solutions extrêmement étendues, P tendant vers zéro, $\frac{\Delta}{P}$ tendrait vers une limite qui serait l'ordonnée à l'origine de la droite considérée. Or, si l'on mesure expérimentalement ces ordonnées et qu'on les multiplie par le poids moléculaire M du corps dissous, on obtient un produit indépendant de la nature de ce corps, fixe pour un dissolvant déterminé. Ces faits ont été mis en évidence par M. Raoult qui a calculé plusieurs de ces constantes $\frac{M\Delta}{P}$.

M. Van't Hoff est arrivé par des considérations théoriques à assigner à ces constantes la valeur $\frac{aT^2}{L}$, L étant la chaleur latente de fusion du dissolvant.

Dans le mémoire où M. Van't Hoff a établi sa formule, il a présenté sa démonstration sous une forme très concise. Il semble qu'il ait appliqué à un cycle quelconque les formules du cycle de Carnot. C'est qu'en effet il ne s'agit pas ici de trouver la loi qui régit les abaissements du point de congélation, mais de chercher ce qu'elle devient à la limite. La formule obtenue est alors rigoureusement exacte. Néanmoins nous évaluerons pas à pas toutes les quantités entrant dans nos formules, quitte à voir ensuite ce qu'elles deviennent à la limite.

M. Van't Hoff décrit un cycle de transformations réversibles en utilisant ce fait que le fusion du dissolvant, réversible à T° s'il est isolé, l'est à T — Δ en présence de la solution, ainsi qu'il ressort des

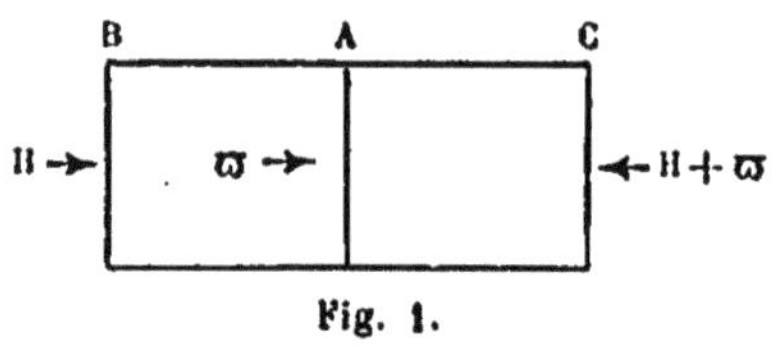

Fig. 1.

expériences de M. Raoult dans lesquelles les paillettes congelées constituent du dissolvant pur. On utilise en outre les propriétés des parois semi-perméables qui permettent de concentrer ou d'étendre une solution d'une façon réversible.

Prenons un cylindre dans lequel se trouvent trois pistons B,A,C. Au commencement, A semi-perméable coïncide avec B. De B en C on place la solution déjà citée. En C exerçons de l'extérieur une pression $\Pi + \varpi$, Π étant la pression atmosphérique, ϖ la pression osmotique qui existerait s'il y avait du dissolvant pur à gauche de A. Sur B exerçons une pression Π de l'extérieur et sur A une pression ϖ de B vers A. L'équilibre existe alors car sur le piston formé par B et A s'exerce $\Pi + \varpi$ des deux côtés. Je me suppose à la température T.

1° En laissant B et C immobiles, je fais mouvoir A vers la droite de façon à faire sortir de la solution un poids $\dfrac{100M}{P}$ de dissolvant pur. Je suppose que le poids total de la solution est suffisant pour que cette perte n'ait qu'une influence négligeable sur la concentration. Le phénomène est réversible ; l'équilibre subsiste ; au passage de la paroi semi-perméable il y a un changement de pression égal à ϖ, la solution étant à la pression $\Pi + \varpi$, le dissolvant à la pression Π (*fig*. 1).

Le travail effectué se compose d'une diminution du volume de la solution sous la pression $\Pi + \varpi$ et d'une augmentation de volume du dissolvant sous la pression Π. D'une façon générale, un tel travail égale le produit de la pression par le changement de volume, $\varphi_{\Pi,T}$ étant toujours le volume de 1Kg du dissolvant pur sous la pression Π, à T°, ce travail est donc, évalué en calories :

$$\mathfrak{S}_1 = - A (\Pi + \varpi) \frac{100M}{P}\, \varphi_{\Pi + \varpi, T} + A\Pi \frac{100M}{P}\, \varphi_{\Pi, T},$$

ou, en supprimant dorénavant l'indice $\Pi + \varpi$,

$$- A\Pi \frac{100M}{P} (\varphi_{\Pi T} - \varphi_{,T}) - \frac{A\varpi 100M}{P}\, \varphi_T.$$

D'après l'équation (γ)

$$\mathfrak{S}_1 = - A\Pi \frac{100M}{P} (\varphi_T - \varphi_{\Pi,T}) - a T,$$

quelle que soit la chaleur mise en jeu en ce moment pour maintenir la température constante je l'appelle Q_1.

2° Supprimant la perméabilité de A, ce qui ne change pas l'équilibre, j'amène le dissolvant séparé, de la pression H à la pression $H + \varpi$, la température restant T, et pour cela je mets en jeu une quantité de chaleur que j'appelle Q_2.

Quant au travail produit il est égal à

$$\mathfrak{E}_2 = - A \int_H^{H+\varpi} p\,dv,$$

p étant la pression, dv le changement de volume relatif seulement à la compression, soit $\dfrac{100M}{P} \dfrac{\partial \varphi_T}{\partial p}\,dp$. D'ailleurs la compressibilité du liquide étant très faible, les limites H et $H + \varpi$ étant peu éloignées, nous admettrons que $\dfrac{\partial \varphi_T}{\partial p}$ est constant dans cet intervalle. En sorte que $\dfrac{\partial \varphi_T}{\partial p} = \dfrac{\varphi_{H,T} - \varphi_T}{\varpi}$

$$\mathfrak{E}_2 = - A \frac{\partial \varphi_T}{\partial p} \frac{100M}{P} \int_H^{H+\varpi} p\,dp,$$

$$\mathfrak{E}_2 = - A \frac{100M}{P} \left(\frac{\varpi}{2} + H \right) (\varphi_{H,T} - \varphi_T).$$

3° Je congèle le dissolvant séparé, à la pression $H + \varpi$, à la température T ; le phénomène est réversible.

Le travail est :

$$\mathfrak{E}_3 = A\,(H + \varpi)\,\frac{100M}{P}\,(V_T - \varphi_T),$$

V étant le volume de 1 Kg du dissolvant congelé à T° ; la

quantité de chaleur mise en jeu $Q_3 = -\dfrac{100M}{P}$, L étant la chaleur latente de fusion du dissolvant pur à T°.

4° Je refroidis cette glace de T à T $-\Delta$.

$$\mathfrak{S}_4 = A\,(H + \varpi)\,\frac{100M}{P}\,(V_{T-\Delta} - V_T);$$

la quantité de chaleur mise en jeu

$$Q_4 = -\frac{100M}{P}\,Cg\Delta,$$

Cg étant la chaleur spécifique moyenne de la glace de T° à T $-\Delta$.

5° Je refroidis la solution de T à T $-\Delta$

$$\mathfrak{S}_5 = A\,(H + \varpi)\,\mathfrak{M}\,(\varphi_{T-\Delta} - \varphi_T),$$

$\mathfrak{M}$ étant le poids de ce qui reste de la dissolution.

$$Q_5 = -\,\mathfrak{M}\,Ce\Delta,$$

Ce chaleur spécifique moyenne du dissolvant liquide.

6° Je place la glace dans la solution. Ce phénomène est réversible car ces deux corps sont à la même pression et à la même température ; je fais alors fondre la glace. Cette fusion à T $-\Delta$ en présence de la solution est réversible.

$$\mathfrak{S}_6 = A\,(\varpi + H)\,\frac{100M}{P}\,(\varphi_{T-\Delta} - V_{T-\Delta}),$$

$$Q_6 = \frac{100M}{P}\,L_1$$

L_1 étant la chaleur latente de fusion de la glace à T $-\Delta$.

7° Je ramène tout à T° et me retrouve dans les conditions

initiales

$$\mathfrak{E}_7 = A(\varpi + H)\left(\mathfrak{M} + \frac{100M}{P}\right)(\varphi_T - \varphi_{T-\Delta}),$$

$$Q_7 = \mathfrak{M}\,Ce\Delta + \frac{100M}{P}\,Ce\Delta.$$

On a décrit un cycle fermé réversible.

D'après le principe de l'équivalence

$$\Sigma\mathfrak{E} = \Sigma Q,$$

c'est-à-dire

$$-aT - A\frac{100M}{P}H\,[\varphi_T - \varphi_{H,T} + \varphi_{H,T} - \varphi_T] - \frac{A100M}{P}\frac{\varpi}{2}(\varphi_{H,T} - \varphi_T)$$

$$+A(\varpi+H)\frac{100M}{P}[V_T - \varphi_T + V_{T-\Delta} - Y_T + \varphi_{T-\Delta} - V_{T-\Delta} + \varphi_T - \varphi_{-T\Delta}]$$

$$+ A(\varpi + H)\,\mathfrak{M}\,[\varphi_{T-\Delta} - \varphi_T + \varphi_T - \varphi_{T-\Delta}]$$

$$= Q_1 + Q_2 - \frac{100M}{P}(L - L_1) - \frac{100M}{P}(cg - ce)\Delta - \mathfrak{M}(ce - ce)\Delta,$$

relation qui après simplification devient

$$\text{(A)} \quad -aT - A\frac{100M}{P}(\varphi_{H,T} - \varphi_T)\frac{\varpi}{2} = Q_1 + Q_2 - \frac{100M}{P}(L - L.)$$

$$-\frac{100M}{P}(cg - ce)\Delta.$$

Appliquons maintenant le principe de Carnot

$$\int \frac{dQ}{T} = 0.$$

En écrivant

$$T\int \frac{dQ}{T} = 0,$$

on a

$$\text{(B)}\quad Q_1 + Q_2 + \frac{100M}{P}\left[\frac{L_1 T}{T - \Delta} - L\right] + \frac{100M}{P}(ce - cg)\Delta = 0$$

en négligeant Δ et pas $\frac{\Delta}{P}$, ce que je puis faire puisque P tendant vers zéro, Δ tendra vers zéro et que je veux la relation à la limite).

Retranchons (B) de (A) :

$$- a'T - A\,\frac{100M}{P}\,\frac{\varpi}{2}\,(\varphi_{H,T} - \varphi_{H+\varpi,T}) = \frac{100M}{P}\,L_1\left(1 - \frac{T}{T - \Delta}\right)$$

ou

$$+ a'T + A\,\frac{100M}{P}\,\frac{\varpi}{2}\,(\varphi_{H,T} - \varphi_{H+\varpi,T}) = \frac{100M}{P}\,L_1\,\frac{\Delta}{T - \Delta}\cdot$$

Faisons tendre P vers zéro. La quantité $\frac{\varpi}{P}$ reste finie d'après la relation (γ). Mais $H + \varpi$ tend vers H, $\varphi_{H,T}$ se confond avec $\varphi_{H+\varpi,T}$. L_1 tend vers L, Δ vers zéro et $\frac{\Delta}{P}$ reste fini :

$$a'T = \frac{100M}{P}\,\frac{L\Delta}{T}\cdot$$

Dans les cas où $i = 1$

$$\frac{100M}{P}\,\Delta = \frac{1,988T^2}{L},$$

$$M\,\frac{\Delta}{P} = \frac{0,01088T^2}{L}\cdot$$

Or la quantité $\frac{M\Delta}{P}$, c'est la constante de M. Raoult. Ce savant

avait donné sa valeur pour divers dissolvants. On connaissait
leur chaleur latente de fusion, il fut facile de contrôler la formule de M. Van't Hoff. C'est ainsi qu'on eut les coïncidences
remarquables qui suivent :

	Calcul	Observations
Eau.	18,7	18,5
Acide acétique. . . .	38,3	38,6
Acide formique . . .	28,1	27,7
Benzine.	52,5	50,0

Pour le bromure d'éthylène l'observation avait donné 118 ;
mais on ne ne connaissait pas la chaleur latente. M. Van't Hoff
la calcula par sa formule et trouva 13. L'expérience donna
12,94. De nouvelles vérifications de la formule ont été faites
par plusieurs observateurs, notamment M. Eykman (voir
Zeitschrift fur phys. ch., 1889, etc.).

Ceci montre d'ailleurs que i est égal à 1 pour toutes les
solutions en question.

ÉTUDE DES TENSIONS DE VAPEUR DES SOLUTIONS

C'est encore en se servant de la réversibilité de la vaporisation
du liquide à deux pressions différentes, suivant qu'il est isolé
ou en contact avec la solution, que M. Van't Hoff décrit un
cycle. Cette fois la température reste constante, en sorte que le
principe de l'équivalence se réduit à

$$\int d\mathscr{C} = 0.$$

La somme des travaux effectués doit être nulle.

Nous placerons encore la solution dans le cylindre précédent. En B s'exerce de l'extérieur une pression f égale à la
tension maxima du dissolvant à la température considérée.
En A une pression ϖ. En C une pression $f + \varpi$.

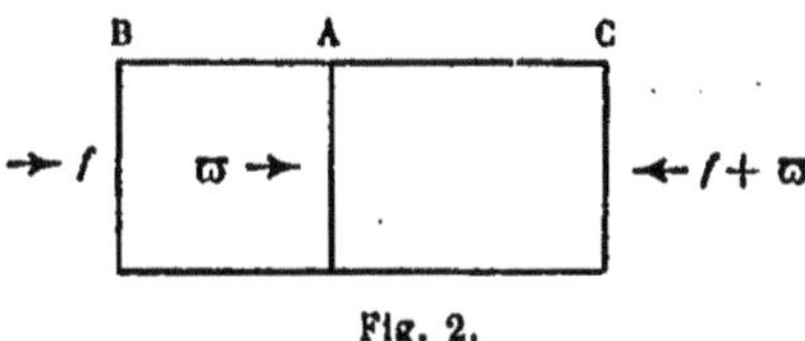

Fig. 2.

1° Je fais passer entre A et B un poids $\dfrac{100\,M}{P}$ comme ci-
dessus. Le travail $\mathfrak{G}_1$ a été calculé.

$$\mathfrak{G}_1 = -\,Af\,\frac{100\,M}{P}\,(\varphi_{f+\varpi} - \varphi_f) - aT\,;$$

2° Je vaporise ce liquide sous sa tension maxima f, A étant
supposé alors imperméable et la solution restant sous la pression $f + \varpi$, ψ_f étant le volume de 1Kg de vapeur à T° sous la
pression f.

$$\mathfrak{G}_2 = A\,\frac{100\,M}{P}\,f(\psi_f - \varphi_f)\,;$$

3° J'amène cette vapeur à la pression f'.

Comme f et f' sont très voisins et que je veux chercher la
limite quand f' tend vers f, le travail est :

$$p\,dW$$

expression dans laquelle p est la pression f et dW le changement de volume. Mais comme f et f' sont très voisins on peut

admettre que

$$fW = C^{te},$$
$$fdW = -\ Wdf.$$

W c'est le volume de $\dfrac{100M}{P}$ Kgs de vapeur du dissolvant à $T°$ sous la pression f. Or si l'on appelle V le volume de M_1Kgs de vapeur supposée gaz parfait, on a :

$$AfV = aT,$$
$$V = \frac{aT}{Af}.$$

Mais si d est la densité de vapeur théorique et d' la densité de vapeur réelle, le volume de M_1Kgs est réduit dans cette proportion, c'est

$$\frac{Vd}{d'} = \frac{aT}{Af}\frac{d}{d'},$$

le volume de $\dfrac{100M}{P}$ est $W = \dfrac{100M}{PM_1}\dfrac{aT}{Af}\dfrac{d}{d'}.$

$$\mathfrak{S}_3 = -\frac{100M}{PM_1}\frac{aT}{f}\frac{d}{d'}(f'-f)$$

4° J'amène la solution de la pression $f + \varpi$ à la pression f'. J'appelle $\mathfrak{S}_4$ le travail qu'il n'est pas besoin d'évaluer.

5° Je condense la vapeur formée qui est à la pression f' au contact de la solution. Ce phénomène est réversible comme le montre l'expérience.

$$\mathfrak{S}_5 = \frac{A\,100M}{T}f'(\varphi_f - \psi_f).$$

6° Je comprime le tout de manière à ramener la solution à la pression $f + \varpi$

$$\mathfrak{S}_6 = -\ \mathfrak{S}_4 + \frac{A\,100M}{P}\int_f^{f+\varpi} p.\frac{\partial\varphi}{\partial p}\,dp.$$

Égalons la somme des travaux à zéro :

$$- a\mathrm{T} + \frac{100\mathrm{M}}{\mathrm{PM_1}} \frac{a\mathrm{T}}{f'} \frac{d}{d'} (f - f') - \frac{\mathrm{A}100\mathrm{M}}{2\mathrm{P}} (f - f')(\varphi_{f+\varpi} + \varphi_f)$$

$$+ \frac{\mathrm{A}\,100\mathrm{M}}{\mathrm{P}} \frac{\varpi}{2} (\varphi_{\varpi+f} - \varphi_f) = 0$$

Or, $\dfrac{\varpi}{\mathrm{P}}$ reste fini quand P tend vers zéro, mais $\varphi_{\varpi+f}$ et φ_f tendent vers φ_f, f' vers f, en sorte que la relation limite est :

$$(\text{C})\quad - a\,\mathrm{T} + \frac{100\,\mathrm{M}}{\mathrm{PM_1}} a\mathrm{T} \frac{f - f'}{f} \frac{d}{d'} - \mathrm{A} \frac{100\,\mathrm{M}}{\mathrm{P}} (f - f') \varphi = 0$$

Ce n'est pas là l'équation à laquelle sont arrivés MM. Van't Hoff et Arrhenius. Le terme en φ ne se trouve pas dans leur équation.

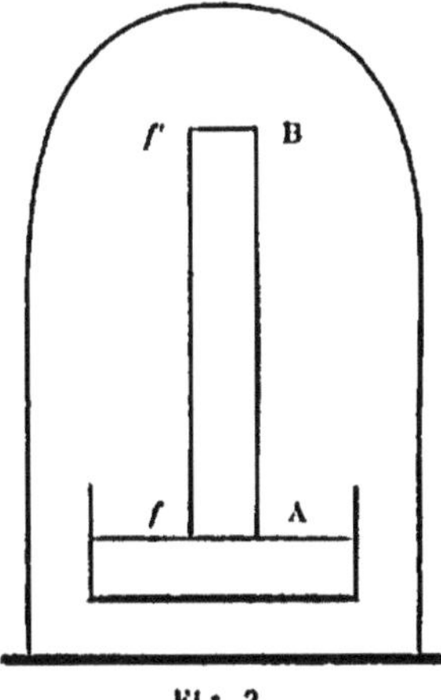

Nous allons voir que ce terme s'introduit aussi dans le raisonnement de M. Arrhenius.

Considérons un dispositif analogue à celui imaginé par Thomson pour calculer la constante capillaire. Sous une cloche où on a fait le vide on place un vase A contenant un dissolvant.

Fig. 3.

Au-dessus de ce vase est un tube B contenant une solution. Le fond de ce tube est à la surface de A ; il est semi-perméable. Du liquide monte en B en sorte que, l'équilibre étant établi, on a à l'intérieur du tube une solution à P 0/0.

Le liquide a émis des vapeurs. En A la tension de vapeur est f. En B elle est f', la différence tenant au poids de la colonne de vapeur allant de B à A ; f' doit être la tension de la solution en B, car, sans cela, il y aurait dans le tube condensation ou évaporation; le liquide tendrait à monter ou descendre en sorte qu'il y aurait mouvement perpétuel. ψ étant le volume de 1Kg de vapeur sous une pression convenablement choisie entre f et f', f_1, j'ai:

$$f - f' = \frac{h}{\psi},$$

en évaluant toujours la pression en Kgs par mètre carré.

D'ailleurs

$$\psi = \frac{a\mathrm{T}}{\mathrm{A}f_1\mathrm{M}_1}\frac{d}{d'},$$

comme on l'a vu plus haut.

Donc

$$(1) \qquad f - f' = \frac{\mathrm{A}hf_1\mathrm{M}_1 d'}{a\mathrm{T}d}.$$

De plus la pression f', augmentée du poids de la colonne de liquide soulevé, équilibre la pression f plus la pression osmotique, en sorte que si φ est le volume de 1Kg de liquide à T° :

$$(2) \qquad \frac{h}{\varphi} + f' = \varpi + f.$$

M. Arrhenius ainsi que les auteurs qui ont reproduit son raisonnement écrivent :

$$\frac{h}{\varphi} = \varpi.$$

Cette équation n'est pas conforme à la définition donnée pour la pression osmotique. Si on considère une tranche infiniment mince de solution à l'intérieur du tube en A, ce qui l'empêche de monter, c'est $f' + \frac{h}{\varphi}$, ce qui tend à la faire monter c'est $\varpi + f$.

Tirons h de (2) et portons en (1) :

$$f - f' = \frac{A f_1 M_1 d'}{a T d}\, \varphi\, (\varpi + f - f');$$

d'ailleurs

$$\varpi\, \frac{100 M}{P}\, \varphi = a T\,;$$

d'où en faisant tendre P vers zéro

$$\frac{d}{d'} \frac{f - f'}{f M_1} = \frac{P}{100 M} + \frac{A}{a T}\, (f - f')\varphi,$$

ce qui est l'équation (C) ; c'est le résultat auquel conduit le cycle de M. Van't Hoff si on l'examine de près.

Posons :

$$\frac{100\,(f - f')}{f M_1}\, \frac{M}{P} = \alpha,$$

$$(D) \qquad \alpha = \frac{d'}{d}\, \frac{1}{1 - \dfrac{A M_1 f \varphi}{a T}\, \dfrac{d'}{d}}.$$

La correction $\frac{d'}{d}$ a été donnée par M. Van't Hoff après qu'il eut été constaté par Raoult que α était presque toujours > 1. Mais, avec cette correction, on n'arriverait qu'à :

$$\alpha = \frac{d'}{d},$$

tandis que le raisonnement suivi exige la formule (D.) On

doit d'ailleurs remarquer que, vu la petitesse de $\frac{A_pf}{T}$, la correction n'est jamais considérable. Elle ne porte que sur des chiffres inaccessibles jusqu'ici à l'expérience.

Voici quelques vérifications de la formule réduite à $x = 1$ qui naturellement doit donner des nombres trop faibles:

	Calcul de M_1x	Observations de M. Raoult
Eau	18	18,5
PhCl³	137,5	149
CS²	76	80
CH³I.	142	149
Acétone	58	50
CH³OH	32	33

Pour l'acide acétique $\frac{d'}{d}$ a une influence considérable: lieu de $x = 1$, on a $x = 1,61$.

MM. Raoult et Recoura ont montré qu'en tenant compte de la condensation anomale de la vapeur, on faisait rentrer l'acide acétique dans les lois générales.

Néanmoins la quantité $\frac{d'}{d}$ est mal connue; la mesure de x est délicate en sorte que l'expérience ne peut décider entre la formule complète et l'autre.

On peut chercher à quelles températures la solution et le dissolvant émettent des vapeurs ayant la même tension. Soient $T + \Delta$ et T ces températures. Un raisonnement, calqué sur celui de la page 24, montre qu'à la limite

$$\frac{M\Delta}{P} = \frac{0{,}01988T^2}{L} \qquad \text{(Arrhéniusu}$$

L étant la chaleur latente de vaporisation à $T°$.

L'expérience vérifie ce résultat (Beckmann Zeits. f. Ph.) Ch., p. 437.)

M. F. COUTURIER

Sur les pinacones

Messieurs,

On désigne sous le nom de pinacones des corps caractérisés par le groupement $= COH - COH =$ auquel viennent se
rattacher différents radicaux alcooliques, gras, aromatiques
ou mixtes ; ces corps se présentent donc comme possédant le
groupement fonctionnel d'un glycol bitertiaire en position α.
Le mode de formation des pinacones est général et consiste
dans l'hydrogénation des acétones ; seul, le procédé d'hydrogénation varie selon qu'il s'agit d'une acétone grasse ou
d'une acétone aromatique ; nous étudierons séparement les
pinacones de ces deux séries, chacune d'elles présentant des
propriétés et des réactions différentes et dont le parallélisme
sera intéressant à observer.

La propriété générale et caractéristique des pinacones est
de donner naissance, par perte d'une molécule d'eau, à une
classe de corps qu'on a appelés *pinacolines* ; parmi les corps
qui peuvent donner lieu à cette réaction, on peut citer les
acides halogénés, l'acide sulfurique, le chlorure d'acétyle, etc.

Dans la série grasse, on connaît un assez grand nombre de
pinacones dérivées des acétones correspondantes : telles sont

l'acétopinacone, la propiopinacone, la butyropinacone, la méthyléthylpinacone, l'éthylbutylpinacone, etc. ; une seule a été l'objet d'études approfondies, c'est la pinacone ordinaire ; nous la prendrons comme type de la série et nous suivrons pour son étude l'ordre chronologique qui s'accorde, du reste, assez bien avec celui dans lequel doivent être présentées les diverses transformations de ce corps.

La pinacone fut découverte par M. Fittig dans l'action du sodium sur l'acétone sèche ; il avait pour but de produire avec l'acétone un dérivé sodé qui lui donnât avec l'iodure d'éthyle un éther analogue à celui qu'avait obtenu Ebersbach avec le valéral dans les mêmes conditions. Mais, contrairement à son attente, M. Fittig n'obtint pas le corps cherché, l'iodure d'éthyle se retrouva, mélangé d'acétone, dans les premières portions de la distillation, et, à une température plus élevée, il passa un corps huileux qui cristallisa au bout de peu de temps. M. Fittig répéta l'expérience sans iodure d'éthyle et obtint le même produit, mais il n'en connut pas alors la véritable composition ; il pensa que c'était une modification de l'acétone qu'il nomma *paracétone* et à laquelle il donna la formule $C^6H^{12}O^4$, c'est-à-dire $C^6H^6O^2 + 6HO$.

Plus tard Stædeler, en répétant la même réaction du sodium sur l'acétone, montra que la paracétone, ou hydrate d'acétone de M. Fittig, avait une autre composition,

$$C^{12}H^{12}O^2 + 14HO,$$

et il lui donna le nom de *pinacone*, voulant rappeler par là que ce corps formait avec l'eau un hydrate cristallisé en tables. Stædeler admettait de plus que la pinacone elle-même $C^{12}H^{14}O^4$ était l'hydrate d'un corps $C^{12}H^{12}O^2$.

Quelques années après, M. Fittig reprit ces travaux, confirma la formule donnée par Stædeler et constata de plus qu'en distillant la pinacone anhydre avec l'acide sulfurique ou chlorhydrique étendu, il passait avec la vapeur d'eau une huile qui, après rectification, correspondait à la formule $C^{12}H^{12}O^2$. Il lui donna le nom de *pinacoline*, sans toutefois la considérer comme le véritable anhydride de la pinacone, car il avait essayé, sans succès, de la transformer de nouveau en pinacone en la chauffant pendant plusieurs jours avec de l'eau.

A la même époque, M. Friedel s'occupait d'un important travail sur la constitution des acétones, et, en essayant d'hydrogéner l'acétone ordinaire par l'amalgame de sodium, il obtint, outre l'alcool isopropylique, le même corps que MM. Fittig et Stædeler, la pinacone. Contrairement à l'opinion de Stædeler qui considérait ce corps, $C^6H^{14}O^2$, comme l'hydrate d'un corps $C^6H^{12}O$, formé par doublement et désoxydation de l'acétone, M. Friedel pensa qu'il était plus rationnel de le regarder comme provenant de la fixation d'un atome d'hydrogène sur l'acétone, et du doublement de cette espèce de radical monovalent ainsi constitué.

Cette explication rendait parfaitement compte de certaines réactions dans lesquelles on avait remarqué une fixation d'hydrogène et une formation de corps à molécule double.

Ainsi Zinine avait obtenu, par hydrogénation de l'hydrure de benzoyle, l'hydrobenzoïne dont la formation est tout à fait analogue à celle de la pinacone. Puis M. Linnemann vint confirmer ces vues en découvrant, dans l'hydrogénation de la benzophénone, un corps de même nature qu'il nomma benzopinacone.

Le mode de formation de la pinacone faisait donc prévoir

qu'elle serait une sorte de glycol : les expériences suivantes furent faites dans l'intention de vérifier cette hypothèse. La pinacone fut traitée à froid par l'acide chlorhydrique gazeux et se transforma en un produit chloré, se décomposant à la distillation, et qui, traité par la potasse, donna la pinacoline déjà obtenue par M. Fittig dans l'action des acides étendus sur la pinacone. M. Friedel pensa que ce corps était à la pinacone ce que l'oxyde d'éthylène est au glycol ; il était assez naturel, en effet, de supposer que la perte d'une molécule d'eau s'effectuait entre les deux oxhydryles voisins pour donner naissance à un oxyde. Une deuxième réaction avec le perchlorure de phosphore en vue d'obtenir le bichlorure de la pinacone donna des résultats peu nets ; il se forma des produits chlorés non saturés, avec départ d'acide chlorhydrique $C^6H^{11}Cl$ et $C^6H^{10}Cl^2$.

L'oxychlorure de phosphore a permis d'obtenir le chlorure $C^6H^{12}Cl^2$, à côté d'une certaine quantité de pinacoline et d'en déterminer les propriétés ; chauffé dans un tube ouvert, il se sublime sans fondre, et dans un tube fermé, il fond à 158°. Les cristaux rappellent les dendrites de sel ammoniac.

La formule admise pour la pinacone fut donc celle d'un glycol tertiaire

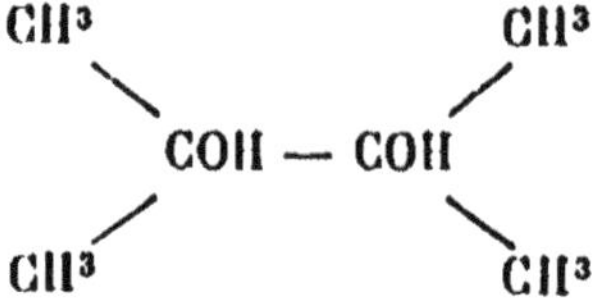

composé par la soudure de deux radicaux isopropyliques. Elle répond du reste à toutes les propriétés connues de ce corps ; M. Linnemann en l'oxydant par le bichromate de potassium et l'acide sulfurique a obtenu de l'acétone, ce qui n'est possible qu'avec cette formule. Nous verrons, d'autre part, comment M. Paulow en a vérifié l'exactitude par la synthèse qu'il a faite de la pinacone.

La constitution de la pinacoline présente un intérêt tout particulier, en raison des discussions auxquelles elle a donné naissance. M. Friedel avait admis que ce corps était le véritable anhydride de la pinacone et que sa formule répondait à celle d'un oxyde.

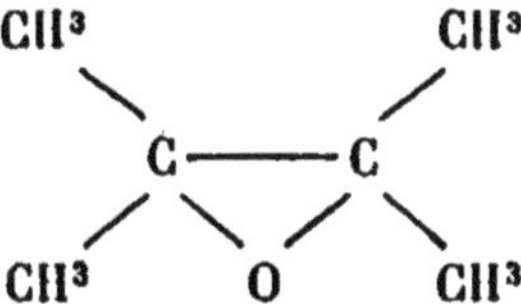

Il est vrai qu'il manquait à ce corps une des propriétés caractéristiques des oxydes, celle de se combiner à l'eau pour redonner naissance au glycol générateur ; mais on sait que cette propriété fait quelquefois défaut dans les termes élevés de la série. Un autre fait d'une certaine importance semblait confirmer cette formule ; en faisant agir le perchlorure de phosphore sur la pinacoline, MM. Friedel et Silva obtinrent un chlorure $C^6H^{12}Cl^2$, dont toutes les propriétés étaient identiques à celles que possédait le chlorure dérivé de la pinacone ; il devait donc s'ensuivre que les deux corps ayant donné naissance à deux chlorures identiques devaient avoir une formule de même nature.

L'oxydation de la pinacoline par le bichromate de potassium et l'acide sulfurique donna un acide isomérique avec l'acide valérianique, et qui fut appelé tout d'abord acide pivalique ; en supposant que cet acide dérivât normalement

de la pinacoline considérée comme oxyde, la formule pouvait
être représentée par :

$$(CH^3)^2 - C \overbrace{\quad\quad\quad}^{} \underset{\substack{ \\ OH}}{\overset{\substack{CH^3 \\ \diagup}}{C}}$$

acide comparable aux phénols.

Boutlerow ne tarda pas à identifier cet acide avec l'acide
triméthylacétique $(CH^3)^3C\ CO^2H$ qu'il avait obtenu par l'iodure de butyle tertiaire et le cyanure double de mercure et de
potassium. La comparaison des sels, faite très complètement,
ne permit aucun doute sur leur identité. Ce fait amena Boutlerow à penser que la pinacoline devait avoir une formule en
harmonie avec celle de l'acide triméthylacétique,

$$(CH^3)^3 - C - CO - CH^3.$$

Cela revenait à la considérer comme une acétone provenant
d'une transposition moléculaire avec déplacement d'un groupe
CH^3. Bientôt après, Boutlerow réalisa la synthèse de la pinacoline en employant le procédé général de MM. Pébal et
Freund pour la formation des acétones; il fit réagir le zinc
méthyle sur le chlorure de l'acide triméthylacétique et iden-
tifia l'acétone obtenue avec la pinacoline : l'oxydation de celle-
ci lui donna le même acide triméthylacétique.

La question pouvait cependant paraître encore incertaine,
car le fait de la similitude observée par MM. Friedel et Silva
entre les chlorures de la pinacone et de la pinacoline restait
inexpliqué. Les réactions que nous allons décrire nous per-
mettront de voir à quelle formule il faut donner la préférence.

L'hydrogénation de la pinacoline par le sodium a donné à
MM. Friedel et Silva une réaction tout à fait comparable à
l'hydrogénation de l'acétone : il se forme une pinacone
$C^{12}H^{26}O^2$, et un alcool pinacolique qui dérivant de la pinaco-
line-oxyde aurait dû avoir la constitution d'un alcool tertiaire.

$$(CH^3)^2 - CH - COH - (CH^3)^2.$$

Dans l'hypothèse de Boutlerow, l'alcool pinacolique aurait
au contraire la formule d'un alcool secondaire,

$$(CH^3)^3 - C - CH\,OH - CH^3$$

Or la synthèse de l'acool tertiaire a été faite par M. Pria-
nischnikow, par l'action du zinc-méthyle sur le chlorure
d'isobutyryle, c'est le diméthylisopropylcarbinol. En comparant
les propriétés de ces deux alcools, on est frappé de constater
qu'ils se ressemblent en plusieurs points, ainsi que le montre
le tableau suivant :

	Alcool pinacolique	Diméthylisopropylcarbinol
Densité à 0°	0,8347	0,8387
P' d'ébullition . . . . :	120°	117°
Ether (D. à 0°. .	0,8966	0,8991
chlorhydrique) P' ébull .	112°,5-114°,5	112°

Les constantes de ces alcools ou de leurs éthers permettraient
mal de les différencier. Cependant on arrive à des résultats
plus nets en s'adressant aux constantes d'éthérification.

M. Menchoutkine, dans son long et intéressant travail sur
l'éthérification des alcools, a fait des recherches comparatives
sur les alcools primaires, secondaires et tertiaires ; il a constaté que ces derniers avaient toujours une limite d'éthérification très faible, sensiblement égale à leur vitesse d'éthéri-

fication. Le diméthylisopropylcarbinol fut un des alcools tertiaires choisis, et il trouva pour vitesse et pour limite, 0,86 0/0.

L'alcool pinacolique n'ayant pas figuré dans ses expériences, j'ai cherché à déterminer ses constantes d'éthérification, en me plaçant dans les mêmes conditions que M. Menchoutkine : la vitesse est de 16, 64 0/0 et la limite de 50, 51, et ces chiffres correspondent absolument à ceux indiqués par M. Menchoutkine pour les alcools secondaires.

La découverte du tétraméthyléthylène est venue apporter de nouveaux éléments à la solution de cette question. Rappelons en passant que M. Pawlow a fait, au moyen de ce carbure, la synthèse de la pinacone et a donné ainsi une nouvelle vérification de la formule adoptée depuis longtemps pour ce corps.

M. Eltekow, dans un travail sur les propriétés des oxydes de la série grasse, a été conduit à préparer l'oxyde de tétraméthyléthylène ; ce carbure fixe en effet l'acide hypochloreux pour donner une chlorhydrine et cette dernière traitée par la potasse sèche a donné un oxyde, avec départ de HCl :

$$
\begin{array}{ccc}
CH^3 \qquad\qquad CH^3 & & CH^3 \qquad\qquad CH^3 \\
\diagdown \qquad\qquad \diagup & & \diagdown \qquad\qquad \diagup \\
C - C & - HCl = & C \longrightarrow C \\
\diagup | \quad | \diagdown & & \diagup \diagdown \quad \diagup \diagdown \\
CH^3 \ Cl \quad OH \ CH^3 & & CH^3 \qquad O \qquad CH^3
\end{array}
$$

Nous nous trouvons donc en présence d'un corps possédant la même formule que celle qui avait été attribuée à la pinacoline, mais présentant des réactions bien différentes: cet oxyde bout en effet à 95-96°, tandis que la pinacoline bout à 106 ; de plus, il se combine à l'eau avec énergie pour donner de l'hydrate de pinacone, réaction qui n'a jamais pu être réalisée avec la pinacoline.

Il restait à élucider la question de la similitude des deux chlorures faits avec la pinacone et avec la pinacoline. Boutlerow avait bien émis l'hypothèse qu'il se faisait une transposition moléculaire dans l'action de l'oxychlorure de phosphore sur la pinacone, mais aucune expérience n'avait été faite à l'appui de cette assertion. Il m'a paru intéressant de chercher à lever ce doute, mais au lieu de m'adresser aux chlorures, j'ai cherché à étudier les bromures de ces deux corps; les rendements en chlorure de la pinacone étant extrêmement faibles, il était difficile de l'étudier complètement et, d'autre part, j'avais, dans le bromure de tétraméthyléthylène, un excellent terme de comparaison. Le bromure de la pinacone a donc été préparé — et avec des rendements presque théoriques — au moyen du tribromure de phosphore, et celui de la pinacoline, au moyen du pentabromure de phosphore.

Ces deux bromures, bien qu'ayant des propriétés physiques très voisines, ne sont cependant pas identiques, et se différencient tant par leur point de fusion que par les réactions chimiques auxquelles ils donnent naissance. Le bromure de pinacone a été identifié avec le bromure de tétraméthyléthylène; il s'est donc produit sans transposition moléculaire et représente la dibromhydrine de la pinacone. Le bromure de pinacoline possède au contraire, une formule dissymétrique dérivée de la pinacoline $(CH^3)^3\ C - COCH^3$.

M. Erlenmeyer a cherché à donner une théorie de ces transpositions moléculaires. Il pense que, toutes les fois qu'il doit se former un alcool secondaire dans lequel les deux affinités du groupement $CH - OH$ sont saturées par deux affinités

d'un carbone sous forme de double liaison, cet alcool se transforme en aldéhyde, au moment de sa formation ; et que tous
les alcools tertiaires, dans lesquels deux affinités du groupe
C — OH sont saturées par deux affinités d'un même carbone,
ou de deux carbones reliés entre eux, se transforment en
acétones. Il admet donc que la formation de la pinacoline
s'effectue d'après l'équation suivante

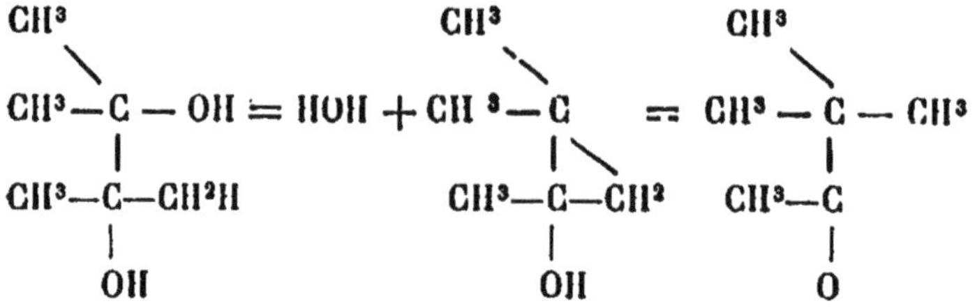

$$
\begin{array}{l}
CH^3 \\
\quad \diagdown \\
CH^3\!-\!C\!-\!OH \\
\qquad | \\
CH^3\!-\!C\!-\!CH^2H \\
\qquad | \\
\qquad OH
\end{array}
\;=\; HOH \;+\;
\begin{array}{l}
\qquad CH^3 \\
\qquad \diagup \\
CH^3\!-\!C \\
\qquad | \diagdown \\
CH^3\!-\!C\!-\!CH^2 \\
\qquad | \\
\qquad OH
\end{array}
\;=\;
\begin{array}{l}
\quad CH^3 \\
\qquad \diagdown \\
CH^3\!-\!C\!-\!CH^3 \\
\qquad | \\
CH^3\!-\!C \\
\qquad | \\
\qquad O
\end{array}
$$

Un grand nombre d'exemples viennent à l'appui de cette
théorie et, s'ils n'en sont pas une preuve directe, ils se
trouvent du moins entièrement d'accord avec elle.

PINACONES AROMATIQUES

Les pinacones et les pinacolines de la série aromatique se
distinguent à plusieurs points de vue des corps correspondants de la série grasse. Le mode de préparation des pinacones consiste dans l'hydrogénation des acétones, en solution
alcoolique, par le zinc et l'acide chlorhydrique ou sulfurique.
On connaît un certain nombre de pinacones aromatiques,

mais les études ont porté principalement sur la benzopinacone, la tolylphénylpinacone et l'acétophénone-pinacone.
Les deux premières ayant donné des résultats identiques, nous
confondrons leur étude, en prenant pour type la benzopinacone. Quant à l'acétophénone-pinacone elle paraît, par ses
propriétés, tenir le milieu entre les pinacones grasses et les
pinacones aromatiques.

M. Linnemann, à qui on doit la découverte de la benzopinacone, avait cru voir que ce corps se transformait par fusion
ou par distillation en une modification isomérique, l'isobenzopinacone, liquide bouillant à 297° et ne se solidifiant qu'au
bout de quelque temps; le point de fusion était alors de 31°.
L'une ou l'autre de ces deux benzopinacones se transformait en benzhydrol par l'amalgame de sodium.

Cette étude fut reprise plus tard par MM. Zincke et Thörner
qui reconnurent tout d'abord que M. Linnemann s'était
trompé en croyant avoir obtenu une modification isomérique
dans l'isobenzopinacone; ils montrèrent que la benzopinacone se décompose par fusion ou distillation en deux composés : la benzophénone et le benzhydrol.

$$C^{26}H^{22}O^2 = C^{13}H^{12}O + C^{13}H^{10}O.$$

Cette scission est absolument quantitative et se produit
déjà à la température de fusion de la pinacone. La séparation
des deux composants se fait facilement par des cristallisa-
tions fractionnées, le benzhydrol cristallise en premier lieu.

MM. Zincke et Thörner ont ensuite cherché à démontrer
l'existence des deux oxhydryles par la formation d'éthers des
pinacones ; leurs essais eurent tous des résultats négatifs.

Enfin leurs principales recherches ont porté sur l'étude des pinacolines correspondantes, et c'est assurément la partie la plus intéressante et la plus originale de leur travail, bien qu'elle ne soit pas à l'abri de toute critique. Guidés par les travaux faits sur la pinacone de la série grasse, ils étaient tout naturellement portés à rechercher s'ils obtiendraient les deux pinacolines prévues par la théorie. La préparation de ce corps par le procédé de M. Linnemann (action du chlorure d'acétyle ou de benzoyle sur la benzopinacone) ne leur donna qu'une seule pinacoline fondant à 178-179°, à laquelle ils attribuèrent une formule dissymétrique.

$$(C^6H^5)^3C - CO - C^6H^5.$$

Bientôt ils obtinrent la même pinacoline par une réaction que nous n'avons jamais constatée dans la série grasse, l'action du zinc et de l'acide chlorhydrique sur l'acétone elle-même, la benzophénone. Mais ils obtinrent en outre dans cette réaction un autre corps fondant à 158-159° et possédant la propriété curieuse de se transformer dans le premier par le chlorure d'acétyle ; ils désignèrent ces deux corps sous le nom de α-et β-pinacolines.

Occupons-nous d'abord de la modification β.

Pour démontrer que la formule supposée :

$$(C^6H^5)^3 \equiv C - CO - C^6H^5$$

était bien exacte, ces savants s'adressèrent à trois réactions :

1° L'oxydation ;

2° La décomposition par la chaux sodée ;

3° L'hydrogénation par le phosphore et l'acide iodhydrique.

III.   4

L'oxydation, faite au moyen de l'acide chromique en solution acétique, a donné de l'acide benzoïque et du triphénylcarbinol. Ici l'oxydation se comporte tout autrement que
dans la série grasse : la pinacoline ordinaire échappe en effet
aux règles d'oxydation des acétones données par M. Popoff,
d'après lesquelles le groupe carbonyle reste attaché au radical
alcoolique le plus simple, et nous savons qu'il se forme au
contraire de l'acide carbonique et de l'acide triméthylacétique.

La benzopinacoline β se comporte, par contre, comme les
acétones aromatiques ordinaires, le groupe carbonyle restant
uni au radical phényle pour donner de l'acide benzoïque.

La décomposition par la chaux sodée se fait en chauffant
le mélange de pinacoline et de chaux sodée à 300° ; le reste,
$C^6H^5 - CO$, se sépare pour donner de l'acide benzoïque et le
radical tertiaire donne du triphénylméthane.

$$(C^6H^5)^3 - C - CO - C^6H^5 + NaOH = (C^6H^5)^3CH + C^6H^5 - COONa.$$

L'hydrogénation par le phosphore et HI a donné un hydrocarbure qui fut considéré comme le tétraphényléthane dissymétrique, $(C^6H^5)^3C - CH^2 - C^6H^5$.

De ces réactions les auteurs ont conclu à la formule
dissymétrique de la β-pinacoline.

Leurs conclusions ont été pourtant contestées par M. Sagu-
menny ; d'après lui, le carbure obtenu par MM. Zincke et
Thörner n'est pas le tétraphényléthane dissymétrique, mais
bien le symétrique ; la distinction de ces deux carbures est du
reste assez délicate : le premier fond à 205-206° et le second à
206° ; leurs propriétés physiques sont sensiblement les mêmes ;
il serait donc possible qu'il n'existât qu'un seul de ces deux

carbures, le symétrique. MM. Zincke et Thörner se sont en effet basés sur la formule dissymétrique de la β-benzopinaco-line, pour conclure à la dissymétrie du carbure et un tel raisonnement n'est pas sans prêter à la critique. M. Sagu-menny pense, d'autre part, que l'action de la chaux sodée à 300° est une réaction trop brutale et que les résultats obtenus s'expliqueraient tout aussi bien en partant de la formule d'un oxyde ; la potasse alcoolique bouillante produit du reste sur la benzopinacoline la même décomposition, et la marche de la réaction pourrait s'expliquer ainsi, en partant de la formule

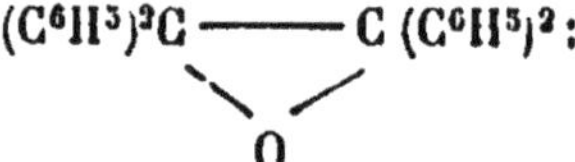

Sous l'influence de la potasse, le groupe $C^6H^5 — CO$ se séparerait de la molécule pour donner avec le reste KO du benzoate de potassium, tandis que les groupements restants s'uniraient pour donner, avec l'H de KOH, du triphénylmé-thane. M. Sagumenny pense donc, d'après cela, que la β-benzopinacoline a une formule symétrique ; il confirme son opinion par ce fait que cette pinacoline ne donne pas les réactions de réduction propres aux acétones.

A l'appui de cette façon de voir, je citerai un travail tout récent de M. Delacre, sur ce sujet. Il a oxydé le tétraphényl-éthylène par le permanganate de potassium et a obtenu une pinacoline dont les propriétés se sont trouvées identiques à celles de la benzopinacoline β. Or M. Behr avait déjà obtenu la benzopinacoline α par l'oxydation du tétraphényléthy-lène par l'acide chromique en solution acétique. Il faut donc admettre ou bien que l'un des deux agents oxydants a pro-

duit une transposition moléculaire, ou bien, comme le pense
M. Delacre, que les deux benzopinacolines α et β ont toutes
deux la formule d'un oxyde

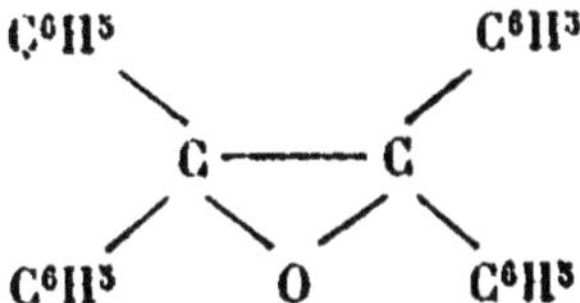

Mais quelle serait la nature de cette isomérie? Il semble
difficile de l'expliquer et ce fait demanderait de plus complets
éclaircissements. M. Delacre appuye cette opinion sur les
réactions suivantes : il a essayé, sans y réussir, l'hydrogénation de la benzopinacoline β par le zinc et l'acide sulfurique ;
il est, par contre, arrivé à l'hydrogéner par le zinc éthyle et a
obtenu un alcool benzopinacolique auquel il donne la formule
d'un alcool tertiaire

$$
\begin{array}{ccc}
C^6H^5 & & C^6H^5 \\
\diagdown & & \diagup \\
& CH - COH & \\
\diagup & & \diagdown \\
C^6H^5 & & C^6H^5
\end{array}
$$

Cet alcool donne, en effet, sous l'influence de la potasse
alcoolique, de l'aldéhyde benzoïque, de l'acide benzoïque et
du triphénylméthane, réaction semblable à celle indiquée par
M. Sagumenny pour la benzopinacoline-oxyde. De plus cet
alcool régénère par oxydation la benzopinacoline et, enfin, il
se déshydrate par l'anhydride acétique à 200° ou par le chlorure d'acétyle, pour donner du tétraphényléthylène.

Ces faits paraissent concluants en faveur de la formule
symétrique pour la benzopinacoline β.

Passons à l'étude de la benzopinacoline α. Ce corps a été préparé d'abord par MM. Zincke et Thörner par l'action du zinc et de l'acide chlorhydrique sur une solution alcoolique de benzophénone ; nous avons déjà vu que cette réaction donnait aussi de la benzopinacoline β, mais la modification α ne se formait qu'en petite quantité et était fort difficile à purifier. Les résultats ont été meilleurs en employant l'acide sulfurique au lieu d'acide chlorhydrique ; en arrêtant l'opération suffisamment tôt, on n'obtient qu'un mélange de benzopinacone et de benzopinacoline α. La séparation se fait en chauffant le mélange à 200°, la benzopinacone est décomposée en benzophénone et benzhydrol qu'on élimine en les dissolvant dans la ligroïne.

Cette benzopinacoline α fond à 201° ; elle possède la remarquable propriété de se transformer très facilement en modification β, par l'action de différents agents tels que CH^3COCl, PCl^3, etc.

On peut admettre pour ce corps deux formules possibles, celle d'un anhydride interne de la pinacone

$$(C^6H^5)^2 - C \overline{\qquad} C (C^6H^5)^3$$
$$\diagdown \diagup$$
$$O$$

ou celle d'un éther

$$C(^6H^5)^2 - C - C - (C^6H^5)^3$$
$$| \quad |$$
$$O \quad O$$
$$| \quad |$$
$$(C^6H^5)^2 - C - C - (C^6H^5)^2.$$

L'une ou l'autre de ces deux formules peuvent conduire à la modification β et l'oxydation de l'une ou de l'autre ne peut donner que de la benzophénone ; ce dernier corps a été trouvé, en effet, dans les produits de la réaction, mais non en quantité théorique, et il était accompagné de benzopinacoline β.

MM. Zincke et Thörner se sont encore adressés à la réaction de la chaux sodée pour établir la véritable formule de cette benzopinacoline α, mais ils ne sont arrivés à aucun résultat net; le produit de la réaction a été un hydrocarbure qu'ils n'ont pu identifier avec le tétraphényléthylène. Ces auteurs ont néanmoins admis pour ce corps la formule d'un oxyde, d'accord sur ce point avec M. Behr qui a obtenu la même benzopinacoline α par l'oxydation du tétraphényléthylène.

L'acétophénone-pinacone et la pinacoline correspondante paraissent se rapprocher davantage des corps correspondants de la série grasse que de ceux de la série aromatique. La préparation de cette pinacone se fait par hydrogénation de l'acétophénone au moyen de l'amalgame de sodium; le zinc et l'acide sulfurique ne donnent que de mauvais rendements. Sous l'influence des acides ou du chlorure d'acétyle, elle se transforme en une pinacoline; elle se décompose par la chaleur en acétone et alcool, mais il faut chauffer jusqu'à 300° en tubes scellés pour obtenir une scission complète. La pinacone ordinaire ne se scinde qu'à la température du rouge naissant.

La théorie nous permet de prévoir ici trois pinacolines différentes :

l'α pinacoline

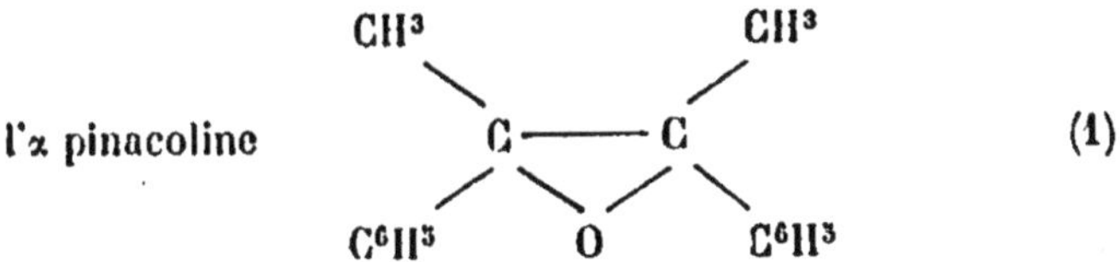

$$\text{(1)}$$

Il est facile de voir que cette pinacoline peut donner lieu à deux isomères stéréochimiques.

et deux β-pinacolines isomériques par interversion des groupes CH^3 et C^6H^5 :

$$(2) \qquad \begin{array}{c} C^6H^5 \\ \diagdown \\ C^6H^5 - C - CO - CH^3 \\ \diagup \\ CH^3 \end{array}$$

et

$$(3) \qquad \begin{array}{c} C^6H^5 \\ \diagdown \\ CH^3 - C - CO - C^6H^5. \\ \diagup \\ CH^3 \end{array}$$

Les auteurs de ces recherches, MM. Zincke et Thörner, n'ont pu obtenir qu'une seule pinacoline appartenant à la modification β et ne subissant aucune transformation par le chlorure d'acétyle. Il restait à déterminer à quelle β-pinacoline ils avaient à faire. Ils se sont, pour cela, adressés aux mêmes réactions qui leur avaient servi dans l'étude des benzopinacolines : l'oxydation, la décomposition par la chaux sodée et l'hydrogénation par Ph + HI.

L'oxydation devait donner des résultats différents suivant qu'on se trouvait en présence des pinacolines (2) ou (3) : l'une devait se comporter comme une pinacoline grasse et donner de l'acide carbonique et un acide diphénylméthylacétique ; l'autre, au contraire, devait donner, comme les pinacolines aromatiques, de l'acide benzoïque et un carbinol ; c'est de l'acide diphénylméthylacétique qu'ils ont obtenu.

La décomposition par la chaux sodée leur a donné des résultats concordant avec les premiers : il s'est formé de l'acide acétique et pas d'acide benzoïque, et un carbure qui a été identifié avec le diphényléthane dissymétrique, carbure préparé, d'autre part, par plusieurs savants, MM. Goldschmitt, Radzizewski et Bäyer.

L'hydrogénation par Ph et HI a donné un carbure auquel ils ont attribué la formule

$$C^6H^5 - C - CH^2 - CH^3$$

avec les groupes C^6H^5 et CH^3 fixés sur le carbone central

sans donner, il est vrai, aucune preuve en faveur de cette constitution ; nous constatons encore ici une anomalie semblable à celle que nous avons observée pour le tétraphényléthane dissymétrique. Le carbure obtenu dans cette réaction fut, en effet, reconnu identique avec un carbure obtenu par MM. Radzizewski et Engler par l'action de Zn ou de Na sur l'éthylbenzine bromée

$$C^6H^5 - CHBrCH^3 \; ;$$

or, ce mode de formation indique qu'on a à faire à un carbure symétrique, ce qui est en contradiction avec les résultats de MM. Zincke et Thörner.

Ces savants n'ont pas cherché la cause de cette discordance ; ils se sont bornés à supposer qu'il pouvait y avoir transposition moléculaire et que ces carbures symétriques pouvaient se conduire, dans certains cas, comme les pinacones et subir des migrations intra-moléculaires.

Tel est, Messieurs, l'exposé rapide des travaux qui ont été faits, jusqu'à ce jour, sur cette intéressante question des pinacones. Elle est loin d'être épuisée, surtout en ce qui concerne les pinacolines aromatiques dont la constitution offre encore quelque incertitude, et à propos desquelles nous avons constaté un certain nombre de faits contradictoires.

Jusqu'aux travaux de M. Delacre, il semblait démontré qu'on avait deux séries de pinacolines aromatiques: l'une correspondant à l'oxyde d'un glycol, l'autre à une fonction cétonique. Depuis, M. Delacre ayant montré que la benzopinacoline β est un oxyde à propriétés différentes de celle de la modification α, il s'ensuivrait que les deux benzopinacolines auraient la même formule de constitution. Or, cette formule ne peut donner lieu à une isomérie stéréo-chimique; nous nous trouvons donc en présence d'un problème qui ne recevra d'explication complète que par des études ultérieures.

M. V. AUGER

Sur les chlorures d'acides bibasiques

MESSIEURS,

Les acides bibasiques sont susceptibles, sous l'action du perchlorure de phosphore, de donner, en échangeant leurs deux hydroxyles contre deux atomes de chlore, des chlorures d'acides analogues à ceux des acides monobasiques. Il semble donc, au premier abord, qu'aucune difficulté ne doive se présenter dans l'étude de leurs réactions, et qu'il doive y avoir analogie complète entre tous les chlorures de cette série.

Eh bien ! cela n'a pas lieu ; on obtient, avec certains de ces corps, des réactions qui doivent faire rejeter pour eux la formule indiquée par les analogies, et qui conduisent à rattacher leurs deux atomes de chlore au même atome de carbone ; le chlorure d'acide ainsi formulé devient alors dissymétrique. Ce sont surtout ces chlorures qui feront l'objet de notre étude.

Pour mieux faire ressortir les analogies, il est bon de remarquer que les acides bibasiques ne doivent pas être simplement classés d'après leur nombre d'atomes de carbone, mais doivent être divisés en familles naturelles, d'après la position mutuelle de leurs hydroxyles. On sait, en effet, que l'influence ou le retentissement d'une fonction sur une autre dépend de la place occupée par les deux fonctions ; aussi, les acides possédant deux hydroxyles séparés par le même nombre d'atomes de carbone ont-ils non seulement une grande ressemblance au point de vue des propriétés chimiques, mais cette analogie se poursuit-elle dans les propriétés physiques, qui les rapprochent d'une façon incontestable.

Voici, en résumé, quelles sont ces familles et leurs prinpaux caractères.

OXHYDRYLES EN POSITION 0

Acide carbonique normal.

$$C=O\begin{cases} OH \\ OH \end{cases}$$

Cet acide ne peut pas être considéré comme bibasique au même titre que les autres : il forme un terme à part, à un plus haut degré encore que l'acide formique dans la série des acides monobasiques.

OXHYDRYLES EN POSITION α

Acide oxalique.

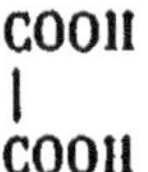

$$\begin{array}{c} COOH \\ | \\ COOH \end{array}$$

On ne connaît ni anhydride, ni chlorure complet de cet acide. Il est d'ailleurs seul représentant de cette famille, puisque ses deux atomes de carbone ne peuvent admettre de reste alcoylé, étant déjà saturés par l'oxygène et par eux-mêmes.

OXHYDRYLES EN POSITION β

Acide malonique.

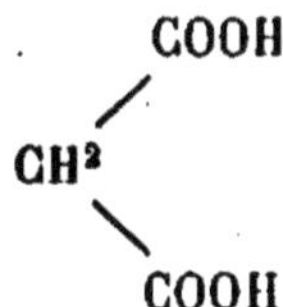

La famille de l'acide malonique comprend tous ses dérivés mono et bi-alcoylés dans lesquels la substitution est faite forcément sur le même atome de carbone ; les membres qu'elle comprend possèdent des propriétés presque identiques ; ils ne donnent pas d'anhydrides et perdent sous l'action de la chaleur une molécule d'acide carbonique. Les propriétés physiques varient peu.

OXHYDRYLES EN POSITION γ

Acide succinique.

$$CH^2 - COOH$$
$$|$$
$$CH^2 - COOH$$

Cette famille comprend tous les dérivés alcoylés et phénylés de l'acide succinique, et, de plus, l'acide orthophtalique et ses homologues par substitutions dans le noyau benzénique.

Elle est caractérisée par la facile formation d'un anhydride interne fondant à une température bien moins élevée que l'acide, et se produisant par simple distillation de celui-ci, et par la tendance à donner des dérivés dissymétriques par l'attaque de l'un des deux atomes d'oxygène, reliés par leurs deux valences à un seul atome de carbone (phtaléines, succinéines). Les propriétés physiques varient dans des limites assez étendues, mais permettent encore facilement une comparaison entre les différents membres de la famille.

OXHYDRYLES EN POSITION δ

Acide glutarique normal.

$$CH^2 - COOH$$
$$|$$
$$CH^2$$
$$|$$
$$CH^2 - COOH$$

Les acides de cette famille forment tous des anhydrides par distillation, mais bien moins facilement que ceux de la famille précédente. Ses membres présentent aussi une grande analogie dans les propriétés physiques.

OHXYDRYLES EN POSITION η, etc.

A partir de la position η les groupes oxhydriles n'exercent plus une influence appréciable l'un sur l'autre, de sorte qu'il paraît inutile de continuer plus loin la division en familles.

Aucun des acides de ces séries ne donne d'anhydride par distillation; on n'en connaît d'ailleurs ni anhydrides, ni chlorures, et leur étude est très incomplète.

Faisons d'abord l'étude des chlorures d'acides dissymétriques, et commençons par celui qui a été le premier étudié, c'est-à-dire le chlorure de phtalyle.

CHLORURE DE PHTALYLE

Le chlorure de phtalyle a été découvert par M. H. Mulder, en faisant réagir l'acide phtalique ou son anhydride sur le perchlorure de phosphore. Le premier travail important sur ce composé fut celui de MM. Kolbe et Wischin. Ces savants firent réagir le zinc et l'acide chlorhydrique aqueux sur le chlorure de phtalyle, et obtinrent un corps bien cristallisé qui, à l'analyse élémentaire, donne la formule brute d'une dialdéhyde phtalique

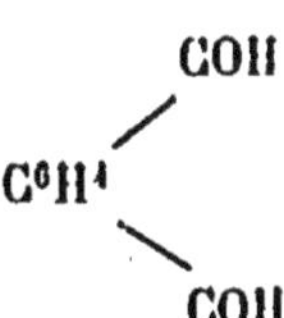

Ils admirent que ce produit de réduction était, en effet, aldéhydique, et, sur la foi d'une expérience mal conduite, dans laquelle ils crurent avoir obtenu une combinaison de cette dialdéhyde et du bisulfite de potassium, ils lui donnèrent le nom d'aldéhyde phtalique.

A la même époque, Wischin faisait réagir le chlorure de

phtalyle sur le zinc-éthyle, et obtenait un composé qu'il considérait comme une dicétone

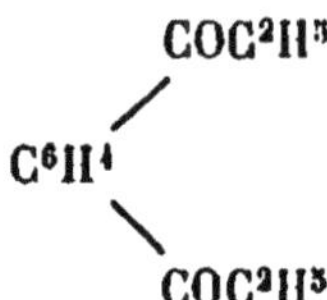

$$C^6H^4 \begin{cases} COC^2H^5 \\ COC^2H^5 \end{cases}$$

Il fit remarquer qu'il n'avait pu obtenir de combinaison bisulfitique de cette dicétone : mais cela n'était point étonnant puisque, seules, les méthylcétones possèdent cette propriété.

Le premier composé qui fut reconnu dissymétrique fut la soi-disant aldéhyde phtalique. Hessert qui, tout d'abord, crut aussi à une dialdéhyde, dut admettre plus tard, lorsqu'il eut pu constater son étonnante stabilité et étudier les dérivés que ce composé fournit sous l'influence de l'acide iodhydrique et de la potasse, qu'il avait entre les mains une lactone, et lui donna le nom de phtalide.

Un peu auparavant, MM. Friedel et Crafts, en faisant réagir le benzène et le chlorure d'aluminium sur le chlorure de phtalyle, obtinrent un composé $C^8H^4O^2$ $(C^6H^5)^2$, auquel ils donnèrent le nom de phtalophénone. Ils lui attribuèrent la formule symétrique

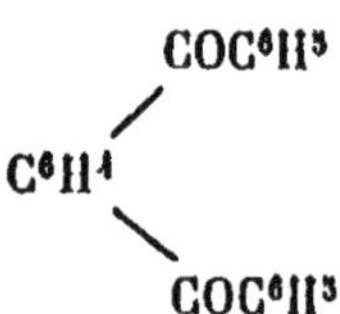

$$C^6H^4 \begin{cases} COC^6H^5 \\ COC^6H^5 \end{cases}$$

d'après les idées alors admises sur la constitution du chlorure de phtalyle. M. Baeyer, qui faisait à ce moment l'étude des phtaléines, supposant que la phtalophénone pourrait bien être

la substance mère de celles-ci, l'étudia au point de vue de sa
constitution, et constata tout d'abord qu'elle se dissolvait dans
la potasse alcoolique bouillante, en donnant un oxyacide
dont les sels étaient stables, mais qui, décomposés par un
acide, perdaient immédiatement les éléments de l'eau pour
redonner la phtalophénone primitive. Il constata de plus que,
si l'on réduit la phtalophénone dans la solution alcaline par
le zinc en poudre, on obtient un acide contenant un seul
carboxyle, qui, par distillation sèche avec l'hydrate de baryum, donne du triphénylméthane. Les réactions observées
étaient donc les suivantes :

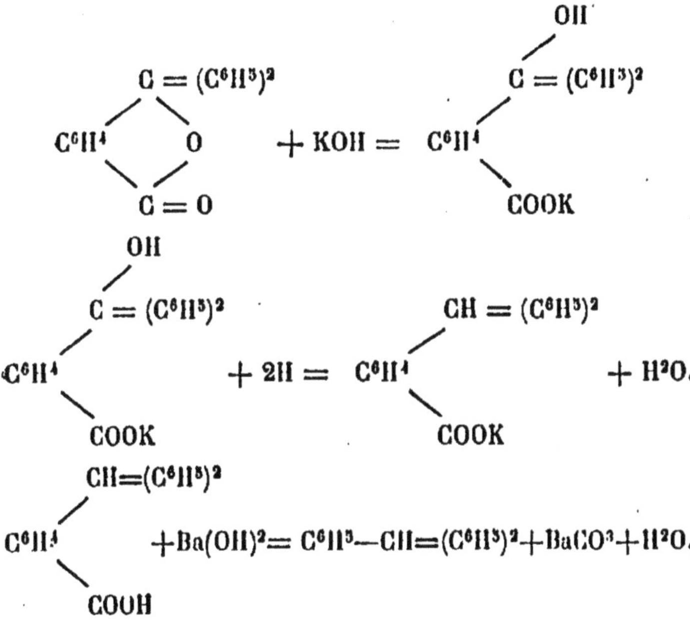

M. Baeyer put même passer directement de la phtalophénone à la phtaléine du phénol au moyen du dérivé binitré de
celle-ci qu'il réduisit, qu'il soumit ensuite à la diazotation,

puis à l'ébullition avec de l'eau acidulée d'acide sulfurique, remplaçant ainsi deux atomes d'hydrogène par deux oxhydryles.

M. Friedel, se basant sur la formation de la phtalide et de la phtalophénone, proposa alors de donner au chlorure de phtalyle la formule dissymétrique

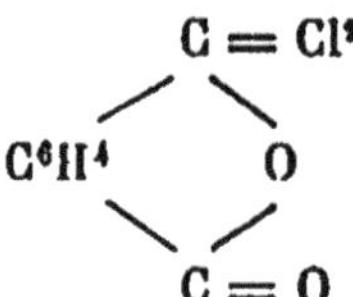

qui rendait compte de l'obtention de ces composés, par une réaction normale.

Il donna en même temps l'explication, que nous verrons plus loin, de la formation d'alcool phtalique (symétrique) en partant du chlorure de phtalyle (dissymétrique).

M. Friedel tenta aussi, à cette époque, d'obtenir des éthers phtaliques différents, en partant soit du chlorure de phtalyle et d'un alcool, soit du phtalate d'argent et de l'iodure alcoolique ; comme il ne put trouver aucune différence entre les éthers ainsi obtenus, il ne publia pas ses résultats. Nous verrons que, plus tard, M. Graebe est arrivé à la même conclusion pour les éthers méthyliques et éthyliques de l'acide phtalique.

Comme, dans les réactions au chlorure d'aluminium, on a souvent remarqué des migrations moléculaires, on pouvait supposer que la formation de phtalophénone était due à un phénomène de ce genre ; mais, cette dernière fut préparée plus tard d'une façon directe par MM. Nölting et de Bechi au moyen du mercure-phényle et du chlorure de phtalyle, d'après la réaction :

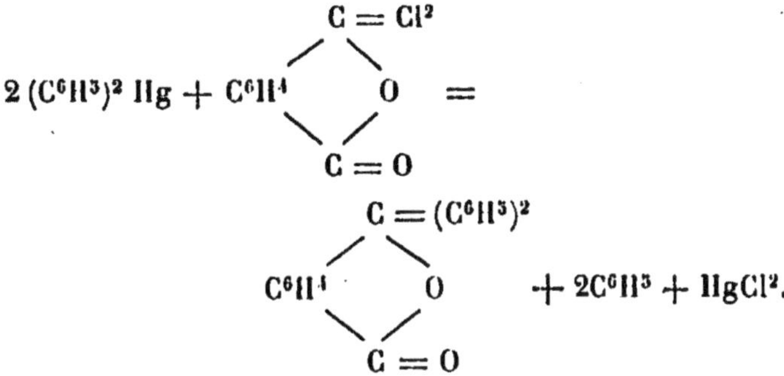

Presque toutes les réactions opérées avec le chlorure de phtalyle ont conduit à une formule dissymétrique : voyons s'il n'y a pas de faits douteux ou opposés à cette manière de voir.

Je n'en connais que trois ; ce sont :

La formation d'un composé symétrique, l'alcool phtalique, obtenu par réduction du chlorure de phtalyle par l'amalgame de sodium réagissant en solution acétique ;

L'identité des éthers phtaliques, obtenus soit au moyen du phtalate d'argent et d'un iodure alcoolique, soit au moyen du chlorure de phtalyle et d'un alcoolate ;

Enfin, l'action de l'ammoniaque sur le chlorure de phtalyle qui aurait donné de la phtalamide symétrique.

Discutons ces faits un à un.

La formation d'alcool phtalique est opposée, à tort par quelques chimistes, à la formule dissymétrique du chlorure de phtalyle ; en effet, il est parfaitement admissible, comme M. Friedel l'a proposé, que les deux atomes de chlore soient remplacés par deux atomes d'hydrogène, et que, la lactone formée étant immédiatement réduite par quatre atomes d'hydrogène, sa chaîne se brise en donnant ainsi l'alcool symétrique.

$$
\begin{matrix}
& C = Cl^2 & & & & & CH^2 & & \\
C^6H^4 & & O & + H^2 = & C^6H^4 & & O + 2HCl. \\
& C = O & & & & & C = O &
\end{matrix}
$$

$$
\begin{matrix}
& CH^2 & & & & & CH^2 - OH \\
C^6H^4 & & O + H^4 = & C^6H^4 & & \\
& CO & & & & & CH^2 - OH
\end{matrix}
$$

La question de l'isomérie des éthers phtaliques est très délicate; nous avons sur ce sujet un travail de M. Graebe, et voici ce qu'il a constaté :

Avec les éthers méthyliques et éthyliques obtenus, soit par le chlorure soit par l'acide, on ne constate que des différences à peine sensibles et pouvant rentrer dans la limite des erreurs d'expérience; mais, en employant le chlorure de tétrachlorophtalyle, M. Graebe a trouvé des différences très sensibles entre les deux éthers éthyliques.

Ainsi, l'éther préparé avec le tétrachlorophtalate d'argent fond à 60°, celui qui est préparé avec le chlorure de tétrachlorophtalyle fond à 124°. Il y a peut-être là une migration moléculaire des éthers phtaliques dissymétriques qui seraient instables, pendant que ceux qui dérivent de l'acide tétrachloré pourraient exister sous les deux formes.

Il reste encore à discuter un fait qui serait entièrement opposé à la dissymétrie du chlorure : c'est le suivant.

En faisant réagir l'ammoniaque sèche sur le chlorure de phtalyle, M. Kuhara aurait obtenu quantitativement de la phtalimide, excepté dans un cas unique où il aurait obtenu un produit fondant à 196° et de formule $C^8H^4O^2$ (AzH.)

J'ai repris ce travail, en ayant soin d'éviter toutes les causes d'isomérisation possibles, et les résultats que j'ai obtenus ont été conformes à l'hypothèse de la dissymétrie ; de plus, l'étude des composés formés m'a permis d'expliquer les résultats obtenus par M. Kuhara.

En effectuant la réaction du chlorure de phtalyle sur l'ammoniaque à la température ordinaire, et en évaporant les solutions obtenues dans le vide, on obtient un composé $C^8H^4O^2(AzH^2)^2$ isomère de la phtalimide et possédant par conséquent la seconde formule possible.

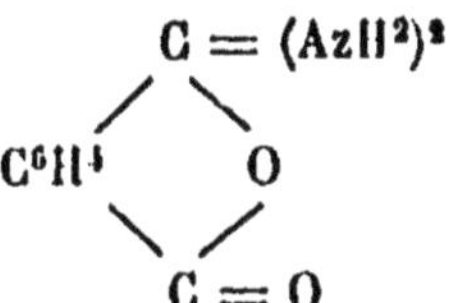

Ce corps étant traité à froid par un acide perd une molécule d'ammoniaque et se transforme en une imide isomérique avec la phtalimide et dont la constitution est ainsi

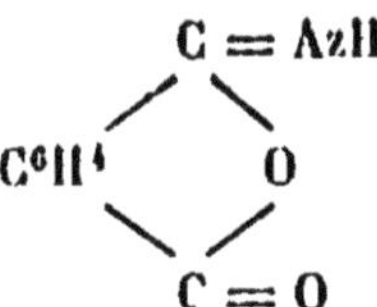

Les caractères les plus remarquables de ces deux composés sont les suivants : 1° sous l'action de la chaleur, ils fondent, puis se transforment intégralement en dérivé symétrique, la phtalimide ; 2° soumis à une longue ébullition avec l'eau, ils se transforment en phtalamate, puis en phtalate acide d'ammoniaque. Ces deux faits nous font immédiatement comprendre les causes d'insuccès de M. Kuhara, qui laissait la température s'élever pendant la réaction et évaporait les solutions au bain-marie. La question de la dissymétrie du chlorure de phtalyle ne soulève donc plus d'objection.

Passons à l'étude de l'acide succinique, qui est le type des acides bibasiques possédant deux oxhydryles en γ.

CHLORURE DE SUCCINYLE

Le chlorure de succinyle a été découvert par Gerhardt et Chiozza, qui en étudièrent les principales propriétés.

La première réaction importante qui aurait pu jeter un jour sur sa constitution fut faite par Wischin, au moyen du chlorure de succinyle et du zinc-éthyle. Il obtint ainsi une substance qu'il nomma la succinyldiéthyldiacétone. Il remarqua que cette diacétone ne se combinait pas avec le bisulfite de sodium.

Plus tard, M. Saytzeff, dans un important travail sur la réduction du chlorure de succinyle, obtint un liquide bouillant vers 205° et donnant à l'analyse la formule $C^4H^4(OH)^2$ et qu'il crut être l'aldéhyde succinique.

Les principales raisons sur lesquelles se fondait M. Saytzeff pour admettre cette formule étaient, d'abord le mode de formation du produit, puis ses réactions principales, telles que sa faculté de se combiner aux bisulfites, la facilité avec laquelle il réduit les solutions ammoniacales argentiques, et surtout sa propriété de donner sous l'influence de l'eau de baryte de

l'acide γ oxybutyrique,

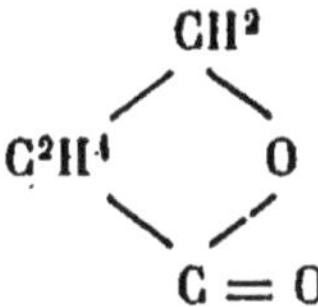

Les choses en restèrent là jusqu'en 1880, époque à laquelle on commença à connaître les lactones. M. Bredt, dans un travail sur ces composés, avança l'opinion que la dialdéhyde de M. Saytzeff pourrait bien n'être qu'une lactone analogue à la phtalide. La même année, M. Saytzeff reconnut qu'en effet, la soi-disant aldéhyde succinique était bien la γbutyrolactone ; il en donna une preuve directe en chauffant l'acide γoxybutyrique au-dessus de 100°, et en constatant qu'il donne avec perte d'eau un produit identique à l'aldéhyde succinique, dont la formule devenait ainsi

En 1882, MM. Emmert et Friedrich, reprenant le travail de Wischin, n'eurent pas de peine à démontrer que la diacétone que celui-ci avait obtenue était la lactone γdiéthylbutyrique.

Voici donc deux réactions, réduction du chlorure, action du zinc-éthyle qui sont tout à fait en discordance avec une formule symétrique. Cependant jusqu'ici, soit par force de l'habitude, soit parce qu'on a trouvé que deux expériences ne suffisaient pas pour entraîner la conviction, on a gardé au chlorure de succinyle la formule symétrique ; voici quelques

faits nouveaux, qui conduisent à donner au chlorure de succinyle la formule

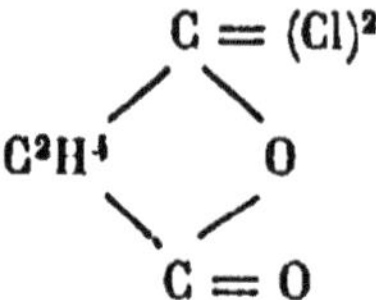

Lorsqu'on fait réagir le chlorure de succinyle sur le benzène
en présence de chlorure d'aluminium, en ayant soin d'opérer
à froid, on obtient un mélange de deux composés isomériques,
de propriétés physiques et chimiques différentes.

Le produit qui se forme en plus grande proportion fond à
90°. Il a été reconnu pour une lactone : en effet, lorsqu'on le
soumet à l'action d'un alcali, il donne un sel d'oxyacide, par
hydratation ; sa formule correspond ainsi à :

$$C^2H^4 \diagup\diagdown \begin{matrix} C = (C^6H^3)^2 \\ O \\ C = O \end{matrix}$$

et son hydratation s'exprime par :

$$C^2H^4 \diagup\diagdown \begin{matrix} C = (C^6H^3)^2 \\ O \\ C = O \end{matrix} + KOH = C^2H^4 \diagup\diagdown \begin{matrix} C = (C^6H^5)^2 \\ OH \\ COOK \end{matrix}$$

Le composé isomérique de la lactone, et qu'on obtient en
petite quantité, fond à 134° ; il est très stable vis-à-vis des
alcalis et donne avec l'hydroxylamine une dioxime, ce qui

porte à le considérer comme une dicétone

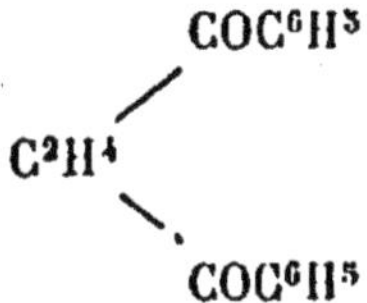

Le chlorure de succinyle s'est donc ici comporté comme un mélange de chlorure symétrique donnant naissance à une dicétone et forme la majeure partie du chlorure d'acide.

L'action de l'ammoniaque sur le chlorure de succinyle a d'ailleurs confirmé cette manière de voir; on obtient, en effet, en même temps qu'une petite quantité de succinamide, un corps très soluble dans l'eau, et même déliquescent, isomère de la succinamide et par conséquent dissymétrique

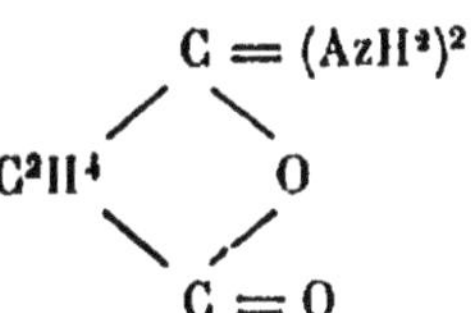

Si on le soumet, en solution aqueuse, à l'action du nitrate d'argent, on obtient un précipité blanc formé par le sel argentique d'une succinimide dissymétrique

cette imide n'a pu être isolée jusqu'ici ; il est probable qu'elle est fort instable, car, en traitant la succinimide dissymétrique par les acides, pour l'obtenir, on voit se produire une hydratation complète et il se forme du chlorure d'ammonium et de l'acide succinique.

S'il pouvait encore rester quelques doutes sur la dissymétrie du chlorure de succinyle, l'étude du sulfosuccinyle suffirait à les faire disparaître ; ce composé réagit en effet comme étant constitué avec un atome de soufre bivalent remplaçant les deux atomes de chlore rattachés au même carbone.

Le sulfosuccinyle a été préparé pour la première fois par M. Weselsky en faisant bouillir une solution de succinate de phénol (obtenu lui-même au moyen du chlorure de succinyle et du phénate de sodium) avec une solution de sulfhydrate de potassium dans l'alcool absolu. Le sel de potassium ainsi obtenu est décomposé, en solution aqueuse, par l'acide chlorhydrique ; la moitié de son soufre se dégage à l'état d'hydrogène sulfuré, et le sulfosuccinyle reste en solution aqueuse ; on l'en retire au moyen de l'éther. M. Weselsky lui attribue la formule

$$C^2H^4 \underset{CO}{\overset{CO}{\diagdown\diagup}} S$$

D'un autre côté, j'ai préparé directement le sulfosuccinyle au moyen du chlorure de succinyle et du sulfhydrate de sodium en solution aqueuse ; or la réaction

$$C^2H^4 \underset{C=O}{\overset{C=Cl^2}{\diagdown\diagup}} O + 2NaHS = 2NaCl + H^2S + C^2H^4 \underset{C=O}{\overset{C=S}{\diagdown\diagup}} O$$

conduit à une formule différente de celle qui a été admise jusqu'ici. Pour voir quelle est la bonne, j'ai fait réagir le sulfosuccinyle sur la phénylhydrazine ; on obtient à froid, sans aucun
dégagement d'hydrogène sulfuré, un composé

$$C^4H^4O^2S^2Az^2H^3.C^6H^5$$

qui, spontanément au bout de quelques semaines, ou mieux
en solution alcoolique à 80°, perd H^2S et se transforme en
un produit fondant à 216°. La formule de ce corps est alors
$C^4H^4O^2 Az^2H,C^6H^5$. Mais, d'un autre côté, M. Hölle a obtenu,
en faisant réagir la phénylhydrazine sur l'anhydride succinique en solution benzénique, une hydrazide isomérique qui,
naturellement, doit avoir la constitution

$$C^4H^2 \diagup^{CO}_{\diagdown CO} Az - AzHC^6H^5$$

Le produit obtenu à l'aide du sulfosuccinyle serait donc dissymétrique ; cela est d'ailleurs confirmé par le fait que l'hydrazide fondant à 216°, soumis à la distillation, se transforme presque intégralement en donnant l'hydrazide de
M. Hölle. Ce fait absolument analogue à la transformation de
la phtalimide dissymétrique, que nous avons étudiée précédemment, nous conduit à la série de réactions suivantes :

$$C^2H^4 \diagup^{C=S}_{\diagdown C=O} O + AzH^2 - AzHC^6H^5 = C^2H^4 \diagup^{C=Az-AzHC^6H^5}_{\diagdown C=O} O$$

et ce dernier étant distillé donne

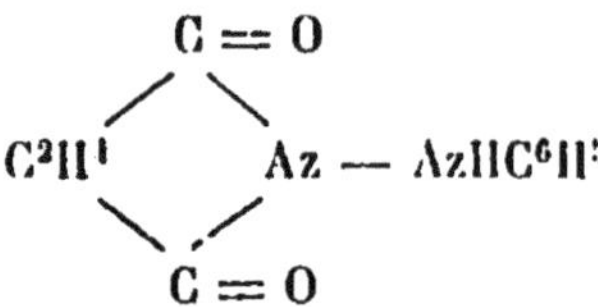

La tendance de l'acide succinique à fournir des dérivés dissymétriques va même si loin, qu'en le traitant par le pentasulfure de phosphore, il fournit directement le même sulfosuccinyle. Il y a donc analogie entre l'action du perchlorure de phosphore et celle du persulfure, puisque ce dernier remplace un atome d'oxygène relié, à un seul atome de carbone, par un atome de soufre.

De cette étude des chlorures de phtalyle et de succinyle, nous pouvons conclure que, suivant toute vraisemblance, les acides bibasiques, possédant les deux oxhydryles en position γ, donneront des chlorures dissymétriques analogues. Passons maintenant en revue, aussi brièvement que possible, les autres familles d'acides bibasiques.

Acide oxalique. — L'acide oxalique, qui est le seul représentant de la première famille naturelle des acides bibasiques, n'a pas donné jusqu'ici de chlorure ni d'anhydride. On ne connaît qu'un chlorure de l'éther acide éthyloxalique $COCl — COOC^2H^5$.

En voulant préparer le chlorure d'oxalyle par la méthode ordinaire, Hurtzig et Geuther ont obtenu, en faisant réagir le trichlorure de phosphore sur l'acide oxalique cristallisé, de l'acide carbonique, de l'oxyde de carbone et de l'acide phosphoreux.

La réaction est:

$$PCl^3 + C^2H^2O^4,2H^2O = PH^3O^3 + 3HCl + CO^2 + CO$$

Heintz fit réagir le chlorure d'acétyle sur l'oxalate de potassium sec et obtint la réaction :

$$K^2C^2O^4 + 2C^2H^2OCl = 2KCl + (C^2H^3O)^2O + CO + CO^2$$

Il est probable que le chlorure COCl est très instable, si
$$|$$
$$COCl$$
même son existence est possible.

Acide malonique.

Le premier membre de la famille des acides possédant leurs hydroxyles en β, nous a donné, à M. Béhal et à moi, un chlorure dont la formule est symétrique

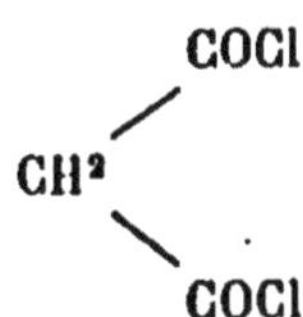

En effet, en faisant réagir le benzène en présence du chlorure d'aluminium sur ce composé, on obtient le dibenzoyl-méthane

L'étude des chlorures de l'acide méthylmalonique et de l'acide éthylmalonique nous a conduit aux mêmes résultats, de sorte qu'on peut affirmer que les acides de cette famille fournissent des chlorures symétriques.

Acide glutarique. — L'étude du chlorure de glutaryle va permettre de résoudre un point intéressant. Pour expliquer la formation des chlorures dissymétriques de phtalyle et de succinyle, on peut admettre soit que ce groupement particulier est dû à l'influence qu'exercent les deux carboxyles l'un sur l'autre par suite de la position γ, soit qu'il provienne simplement de la formation préalable d'un anh. ·ide sur lequel le perchlorure de phosphore ne pouvait réagir qu'en enlevant un atome d'oxygène relié par ses deux valences au même atome de carbone.

Mais il est évident que la production facile d'un anhydride, par simple distillation de l'acide correspondant, provient justement de la position qu'occupent les groupes oxhydryles dans la molécule ; de sorte que les deux premières hypothèses se confondent en une seule.

On peut alors se poser la question d'une manière moins générale et se demander si, seule, la position γ des deux oxhydryles entraîne la dissymétrie dans le chlorure de l'acide.

L'acide glutarique, ou pyrotartrique normal, semble placé là tout exprès pour résoudre cette question. En effet, il donne un anhydride par simple distillation, soit à l'air, soit sous pression réduite, et ses deux oxhydryles sont, l'un par rapport à l'autre, dans une position autre que γ. Son chlorure sera, par conséquent, dissymétrique dans le cas où la formation préalable d'un anhydride entraînerait la fixation des deux atomes du chlore au même atome de carbone; il sera symétrique, si la seule position γ permet la dissymétrie.

En soumettant le chlorure de glutaryle à l'action du benzène en présence du chlorure d'aluminium, j'ai obtenu un composé fondant à 52°-63°, qui n'est pas attaqué par les alcalis à l'ébullition, et qui fournit, avec l'hydroxylamine, une dioxime. Ces faits conduisent donc à admettre pour le chlorure de glutaryle la formule symétrique, et pour ce composé la constitution

$$C^6H^5 - CO - (CH^2)^3 - CO - C^6H^5$$

L'ensemble des faits que nous venons de passer en revue nous conduit à la conclusion que les seuls acides bibasiques ayant leurs oxydryles en position γ sont capables de fournir des chlorures d'acides du type dissymétrique

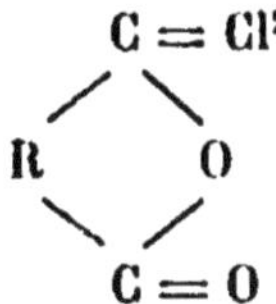

C. BIGOT

Sur quelques dérivés de la glycérine

Messieurs,

La glycérine a donné naissance à un nombre de dérivés considérable. Les mémoires publiés sur ce sujet peuvent se compter par centaines et beaucoup d'entre eux ont une importance capitale. En faire ici l'historique, ce serait dépasser le cadre restreint de cette conférence qui n'a qu'un seul but : montrer que l'étude des dérivés de la glycérine est loin d'être achevée et qu'il existe encore un assez grand nombre de points obscurs qui méritent de fixer l'attention des chimistes.

ÉPICHLORHYDRINE ORDINAIRE

Sous la haute direction de M. Friedel, j'ai d'abord dirigé mes recherches sur l'épichlorhydrine et j'ai été amené peu à peu à trouver son isomère et à découvrir un meilleur mode de préparation du glycide.

Préparation. — L'épichlorhydrine $CH^2 - CH - CH^2Cl$ a

été découverte par M. Berthelot qui l'obtint en petite quantité par l'action de la potasse sur la dichlorhydrine de la glycérine. M. Reboul la prépara en traitant par les alcalis le produit de l'action de l'acide chlorhydrique sur un mélange de glycérine sèche et d'acide acétique cristallisable. La dichlorhydrine et l'acétodichlorhydrine, qui se forment dans cette préparation, sont transformées en épichlorhydrine par une solution de potasse ou de soude à la température de 100°.

Pour avoir une quantité notable de produit, il vaut mieux employer la méthode de M. Fauconnier. Elle consiste à saturer par un courant d'acide chlorhydrique la glycérine ordinaire, maintenue à une température voisine de 125°. La masse obtenue est fractionnée dans le vide. Ce qui passe avant 80° est de l'eau fortement acide. En la traitant par un excès de carbonate de soude, j'y ai rencontré une notable proportion de dichlorhydrine $CH^2Cl — CHOH — CH^2Cl$. La partie qui distille aux environs de 80° est très abondante ; c'est la même dichlorhydrine symétrique. Quant aux portions supérieures, elles renferment de la monochlorhydrine

$$CH^2Cl — CHOH — CH^3OH$$

et d'autres composés encore inconnus. En les faisant rentrer dans la préparation, on les transforme complètement en dichlorhydrine.

En résumé, le procédé de M. Fauconnier est une véritable préparation industrielle de la dichlorhydrine ; il ne laisse aucun résidu. C'est là ce qui le rend préférable à la méthode de Carius qui consiste à traiter la glycérine sèche par le sous-chlorure de soufre. La réaction se fait à 110° ; elle est vive et rapide, mais les produits renferment un mélange des deux dichlorhydrines

$$CH^2Cl — CHOH — CH^2Cl \text{ et } CH^2OH — CHCl — CH^2Cl$$

et, des composés sulfurés qu'on n'a pu isoler jusqu'à présent.

Ce qui calactérise les dichlorhydrines, c'est la facilité avec laquelle elles perdent une molécule d'acide chlorhydrique, non seulement sous l'action des alcalis, mais aussi lorsqu'on les traite par le sodium (et alors il se dégage de l'hydrogène) ou par l'acide sulfurique.

La soude ordinaire en solution très concentrée et chaude est versée peu à peu dans la dichlorhydrine maintenue à 110° dans un ballon muni d'un réfrigérant ascendant. Quand on a ajouté un peu plus que la quantité nécessaire pour enlever une molécule d'acide chlorhydrique, on filtre le tout dans le vide, on sépare la solution aqueuse, on dessèche le produit avec du carbonate de potassium et on le distille avec un appareil Le Bel-Henninger. 7 kilogrammes de dichlorhydrine donnent 4 kilogrammes d'épichlorhydrine.

L'épichlorhydrine bout à 115°. Elle se combine avec l'eau, les acides, chlorures d'acides, anhydrides, etc., comme l'a démontré M. Reboul.

Action du sodium sur l'épichlorhydrine. -- Le sodium réagit également avec la plus vive énergie. MM. Grimaux et Vogt, dans une expérience qu'ils n'ont pas publiée, avaient déjà constaté que l'épichlorhydrine, chauffée avec de l'amalgame de sodium se décompose brusquement à 135°. Il reste une masse analogue au caoutchouc.

MM. Hübner et Müller ont opéré avec le sodium en présence de l'éther absolu. Ils admettent qu'il se forme le composé suivant :

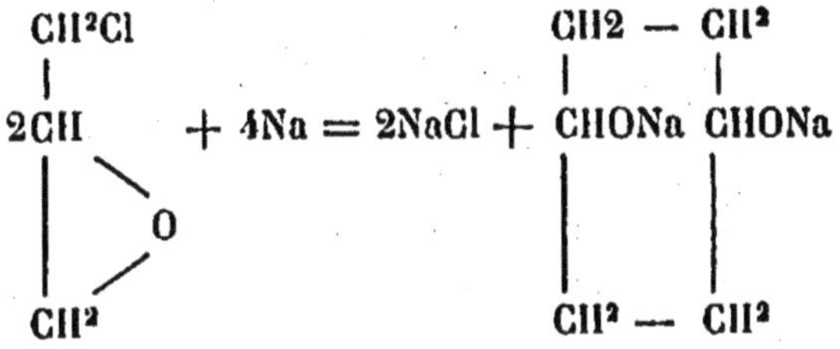

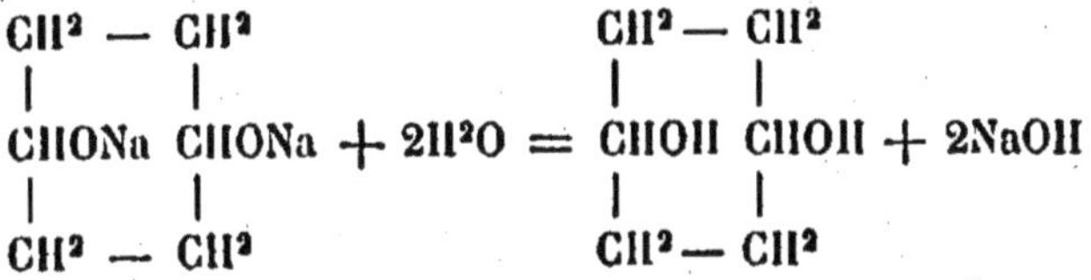

$$
\begin{array}{c}
\text{CH}^2\text{Cl} \\
|
\end{array}
\quad 2\text{CH} \underset{\text{CH}^2}{\overset{}{\diagdown}} \text{O}
\quad + 4\text{Na} = 2\text{NaCl} +
\begin{array}{cc}
\text{CH}2 - \text{CH}^2 \\
| \qquad | \\
\text{CHONa} \; \text{CHONa} \\
| \qquad | \\
\text{CH}^2 - \text{CH}^2
\end{array}
$$

$$
\begin{array}{cc}
\text{CH}^2 - \text{CH}^2 \\
| \qquad | \\
\text{CHONa} \; \text{CHONa} \\
| \qquad | \\
\text{CH}^2 - \text{CH}^2
\end{array}
\; + 2\text{H}^2\text{O} =
\begin{array}{cc}
\text{CH}^2 - \text{CH}^2 \\
| \qquad | \\
\text{CHOH} \; \text{CHOH} \\
| \qquad | \\
\text{CH}^2 - \text{CH}^2
\end{array}
\; + 2\text{NaOH}
$$

---

que l'eau transforme en glycol bouillant de 220° à 225°.

M. Claus reprit la même expérience. D'après lui, il devait se faire

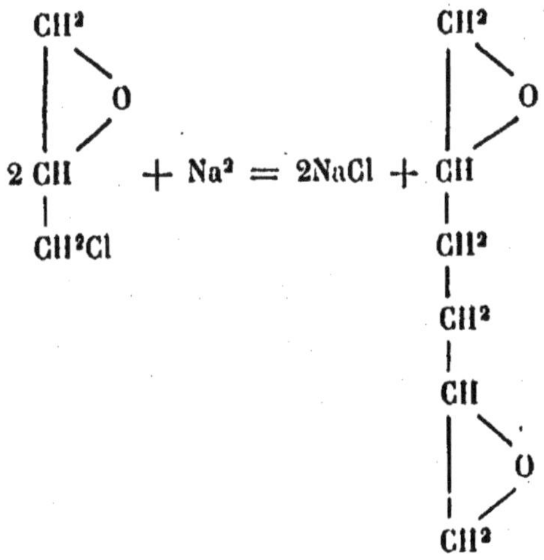

$$
2\,\text{CH} \underset{\text{CH}^2\text{Cl}}{\overset{\text{CH}^2}{\diagup\diagdown}} \text{O}
\quad + \text{Na}^2 = 2\text{NaCl} +
\begin{array}{c}
\text{CH}^2 \\
| \;\; \diagdown \\
\text{CH} \quad\; \text{O} \\
| \\
\text{CH}^2 \\
| \\
\text{CH}^2 \\
| \\
\text{CH} \\
| \;\; \diagdown \\
\text{O} \\
\text{CH}^2
\end{array}
$$

Il obtint le même produit que MM. Hübner et Müller; mais

il constata qu'il renfermait une petite quantité de chlore dont il ne put se débarrasser ; aussi n'a-t-il pas conclu.

M. Hanriot a réussi dans la même réaction à isoler un liquide bouillant vers 210°-215° et qui possède la formule $C^6H^{10}O^2$ donnée par M. Claus. Il lui attribue la structure indiquée plus haut et admet que la matière analogue au caoutchouc, qui se forme souvent dans la réaction, n'est autre chose que du dioxyde $C^6H^{10}O^2$ combiné à 2 molécules de sodium.

M. Fauconnier a constaté que la poudre de zinc réagit sur l'épichlorhydrine chauffée au bain d'huile. Mais le mélange fait explosion lorsque la température atteint 140°.

J'ai repris ces expériences et j'ai constaté que, pour diminuer la proportion des produits supérieurs, il était indispensable d'opérer aussi vite que possible et à basse température. L'épichlorhydrine est additionnée de deux fois son volume d'éther absolu et on ajoute peu à peu la moitié de la quantité théorique de sodium. Le ballon dans lequel on opère est muni d'un réfrigérant ascendant. Il plonge dans une capsule assez profonde pour qu'on puisse au besoin l'immerger complètement dans l'eau froide. Cette précaution est indispensable ; car, si le mélange s'échauffe trop, l'éther distille par le réfrigérant et l'explosion est inévitable.

On reprend ensuite par l'eau, on dessèche la solution éthérée sur du carbonate de potassium et on la distille d'abord au bain-marie puis dans le vide jusqu'au moment où la décomposition commence à apparaître.

Par des rectifications successives, on isole un peu d'alcool allylique, de l'épichlorhydrine non attaquée et un produit bouillant vers 133°. A partir de 160°, à la pression ordinaire,

jusqu'à, 260°, le liquide obtenu ne présente aucun point d'ébullition fixe. Au-dessus de 260° la décomposition devient très
vive et le résidu renfermé dans l'appareil distillatoire prend
l'aspect d'une masse analogue au caoutchouc.

Avec des résultats aussi complexes, il était nécessaire
d'opérer sur une grande quantité de matière. C'est un principe
dont il ne faut jamais se départir dans la série de la glycérine
où l'on obtient rarement des produits cristallisés.

Le résidu semi-solide, qui s'est formé, est insoluble dans
tous les dissolvants. Il se produit également lorsqu'on soumet
à l'action d'une petite quantité de sodium le liquide qui bout
à 153°. S'il renferme du chlorure de sodium, il doit probablement s'y trouver interposé.

Quant aux portions recueillies entre 160° et 260°, elles
présentent la propriété de se polymériser à mesure qu'on les
distille. Le thermomètre monte assez rapidement jusqu'à
200° ; au-delà il n'indique aucun point d'ébullition fixe.

Tous ces produits sont chlorés; le sodium les polymérise; —
la potasse, l'alcoolate et le phénate de sodium ne peuvent les
débarrasser de leur chlore ; l'eau s'y combine à 100° au bout
de quelques jours, mais il y a décomposition partielle et
formation de composés qui ne distillent pas sans altération
même dans le vide et qui sont incristallisables.

Ils fixent l'acide chlorhydrique en donnant des dérivés qui
ne peuvent être séparés ; lorsqu'on les traite par la potasse,
on n'obtient qu'un produit, encore chloré, à peu près analogue à celui d'où l'on est parti.

Il résulte de ces expériences que ces portions qui bouillent
entre 200° et 260° paraissent être des polymères encore
mal définis.

Dioxyde $C^6H^{10}O^2$. — Il n'en est pas de même du liquide qui distille à 153°. Au bout de quelques rectifications, il est parfaitement pur. On peut en préparer d'assez notables quantités car les rendements sont de 10 0/0 du poids de l'épichlorhydrine employée.

Son odeur est caractéristique; il se dissout fort peu dans l'eau froide; à 100° la solution est plus notable et il se combine avec l'eau au bout de quelques heures à la température du bain-marie. Il fixe les acides, les anhydrides, les chlorures d'acides, etc., en donnant des dérivés bien définis.

Il résulte de l'analyse que sa formule est $C^6H^{10}O^2$. Quant à sa constitution véritable, elle n'est pas encore parfaitement connue.

On l'obtient encore en traitant l'épibromhydrine ou l'épiiodhydrine par le sodium en présence de l'éther absolu.

On peut le considérer comme un dioxyde hexylénique. C'est un isomère de celui qui a été obtenu par Przybytek en traitant le diallyle C^6H^{10} par l'acide hypochloreux $ClOH$ et en soumettant la dichlorhydrine $C^6H^{12}O^2Cl^2$ ainsi obtenue à l'action de la potasse. Ce réactif enlève deux molécules d'acide chlorhydrique et il se forme un dioxyde $C^6H^{10}O^2$ qui bout à 180° et ne fixe qu'une seule molécule d'eau.

Action de l'eau sur le dioxyde $C^6H^{10}O^2$. — L'eau ne se combine pas à froid avec le dioxyde que j'ai obtenu, même au bout de plusieurs mois. A la température de 100°, l'hydratation se fait en cinq ou six heures. Si l'on opère en présence de l'eau acidulée, la réaction est beaucoup plus rapide. Au bain-marie, elle est presque instantanée; à la température ordinaire, elle exige deux ou trois semaines.

Le produit que l'on obtient bout à 145° dans le vide ; il a pour formule $C^6H^{10}O(OH)^2$. Le dioxyde, dans ces conditions, ne se combine qu'avec une seule molécule d'eau, comme celui de Przybytek, en donnant naissance à un glycol-oxyde. Ce dernier a été soumis de nouveau à l'action de l'eau à 100° pendant plusieurs jours. Il reste inaltéré. Un seul des oxygènes du dioxyde se comporte comme l'oxyde d'éthylène $CH^2 — CH^2$ ou comme l'épichlorhydrine

$$CH^2 — CH — CH^2Cl.$$

Action des hydracides. — Le dioxyde absorbe l'acide chlorhydrique gazeux et sec : il se produit une notable élévation de température. Si l'on pèse la matière avant et après l'opération, on peut constater qu'il ne s'est fixé qu'une seule molécule d'acide. Lorsqu'on distille sous pression réduite, tout le liquide passe vers 105°. L'analyse montre que l'on se trouve en présence d'un composé $C^6H^{11}O^2Cl$ qui est une monochlorhydrine-oxyde. Ce corps ne fixe plus l'acide chlorhydrique à froid ; si l'on essaye de faire la réaction à 100°, en présence d'une solution concentrée d'acide chlorhydrique, on n'obtient que des produits de décomposition.

L'acide bromhydrique et l'acide iodhydrique se comportent de même en donnant des dérivés correspondants.

Si l'on opère avec une solution concentrée d'acide iodhydrique à la température de 250°, il se forme des hydrocarbures très volatils qui distillent au-dessous de 30°.

Action de l'acide acétique et de son anhydride. — L'acide acétique ainsi que son anhydride se combinent au dioxyde. Mais, quelle que soit la durée de la réaction, on obtient toujours une diacétine $C^6H^{10}O$ $(OCOCH^3)^2$ qui distille dans le vide à la température de 141°.

Le dioxyde forme avec tous les réactifs que je viens d'indiquer des dérivés parfaitement définis. A la façon des oxydes éthyléniques, l'un de ses oxygènes est encore capable de se combiner avec les autres acides, avec les chlorures d'acides, les aldéhydes, l'ammoniaque et les amines. Quant à l'autre oxygène qui est beaucoup plus stable, il paraît se comporter comme l'oxyde du diallyle et l'on peut admettre qu'il ne se trouve pas en position α.

ISOMÈRE DE L'ÉPICHLORHYDRINE

OU ÉPICHLORHYDRINE β $CH^2 - CHCl - CH^2$

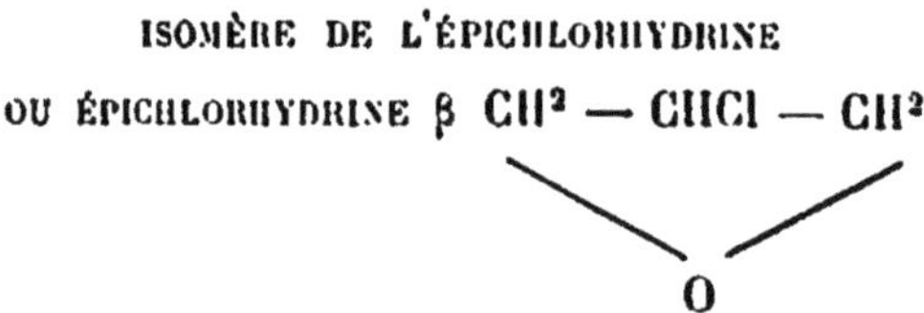

J'ai tenté de préparer un autre dioxyde $C^6H^{10}O^2$ dans l'intention de le comparer au précédent. J'ai pensé que l'isomère inconnu $CH^2 - CHCl - CH^2$ de l'épichlorhydrine

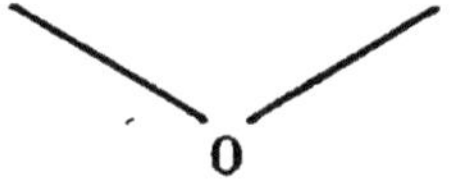

pourrait peut-être, sous l'action du sodium, perdre son chlore et doubler sa molécule.

J'ai préparé ce nouveau composé en prenant comme point de départ une marche analogue à celle que MM. Friedel et Silva ont suivie pour obtenir le propylène chloré $CH^3 - CCl = CH^2$.

Le propylène fixe le chlorure d'iode de la façon suivante :

$$CH^3 - CH = CH^2 + ICl = CH^3 - CHCl - CH^2I.$$

Ce chloroiodure traité par la potasse perd une molécule d'acide iodhydrique et se convertit en propylène chloré :

$$CH^3 - CHCl - CH^2I + KOH = KI + H^2O + CH^3 - CCl = CH^2$$

Ce point a été établi par MM. Friedel et Silva d'une façon indiscutable.

Si, au lieu du propylène, on prend l'alcool allylique. on peut obtenir :

$$CH^2OH - CH = CH^2 + ICl = CH^2OH - CHCl - CH^2I$$

qui, sous l'action de la potasse, perdra une molécule d'acide iodhydrique, et donnera l'isomère de l'épichlorhydrine :

$$CH^2OH - CHCl - CH^2I + KOH = H^2O + KI + CH^3 - CHCl - CH^2I$$

$$O$$

Cette expérience avait été tentée par M. Henry. Il trouva une chloroiodhydrine qui lui parut identique à celle que M. Reboul avait déjà décrite et qui se forme lorsque l'on traite l'épichlorhydrine par l'acide iodhydrique

$$CH^2 - CH - CH^2Cl + HI = CH^2OH - CHI - CH^2Cl.$$

$$O$$

J'ai préparé 2 kilogrammes de chloroiodhydrine de la glycérine en versant peu à peu du chlorure d'iode dans une solution aqueuse d'alcool allylique maintenue à 0°. Le composé chloroiodé ainsi obtenu a été distillé dans le vide, puis mélangé à de l'éther absolu et traité par de la soude sèche et pulvérisée.

La réaction de cet alcali est très vive ; lorsqu'elle est terminée, on agite la masse avec de l'eau, on sèche la solution éthérée sur du carbonate de potassium fondu, on distille l'éther et l'on soumet le résidu à de nombreuses rectifications.

On trouve environ :

100 gr d'alcool allylique . . . .   éb. 95°
100 gr. d'épichlorhydrine α . . . .   éb. 115°
 80 gr. d'épichlorhydrine β . . . .   éb. 133°
 50 gr. d'un produit iodé qui bout entre 160°
        et 180°.

Cette dernière portion a été fractionnée. La partie qui distille de 160° à 162° est assez importante ; c'est de l'épiiodhydrine ordinaire, comme l'analyse l'indique. Une autre partie assez notable passe entre 172° et 175° ; ce liquide a la même composition que l'épiiodhydrine.

J'ai constaté, à plusieurs reprises, que l'épiiodhydrine ordinaire bout à 160° ; il est probable que le produit que j'ai préparé n'est qu'un mélange des deux épiiodhydrines $CH^2 — CH — CH^2I$ et $CH^2 — CHI — CH^2$. Du reste, il est

inattaquable par une solution concentrée de potasse.

Étude de l'épichlorhydrine β. — Le mélange qui passe à la distillation entre 110° et 140° ne peut être séparé par simple fractionnement. Pour arriver à ce résultat, il faut employer l'action de l'eau acidulée qui, à la température de 100°, se combine en quelques minutes à l'épichlorhydrine α et laisse son isomère inaltéré.

Pour expliquer la formation de ces différents composés, on

doit admettre que le chlorure d'iode se fixe de deux manières différentes sur l'alcool allylique,

$$CH^2OH - CH = CH^2 + ICl = CH^2OH - CHCl - CH^2I$$

et

$$CH^2OH - CH = CH^2 + ICl = CH^2OH - CHI - CH^2Cl$$

et, d'autre part, que la soude enlève à ces chloroïodhydrines non seulement de l'acide iodhydrique, mais aussi de l'acide chlorhydrique. C'est ce que l'expérience confirme ; on trouve en effet qu'il s'est formé de l'iodure et du chlorure de sodium.

Il est probable que les points d'ébullition des chloroïodhydrines sont trop voisins l'un de l'autre pour que des rectifications dans le vide permettent de les séparer.

Si l'on admet la formation de ces deux composés, il est facile d'expliquer celle des isomères qui ont été trouvés dans l'expérience :

$$CH^2OH - CHCl - CH^2I + NaOH$$
$$= CH^2 - CHCl - CH^2 + NaI + H^2O$$
$$\diagdown O \diagup$$

$$CH^2OH - CHCl - CH^2I + NaOH$$
$$= CH^2 - CH - CH^2I + NaCl + H^2O$$
$$\diagdown O \diagup$$

$$CH^2OH - CHI - CH^2Cl + NaOH$$
$$= CH^2 - CH - CH^2Cl + NaI + H^2O$$
$$\diagdown O \diagup$$

$$CH^2OH - CHI - CH^2Cl + NaOH$$
$$= CH^2 - CHI - CH^2 + NaCl + H^2O$$
$$\diagdown O \diagup$$

L'épichlorhydrine β bout de 132° à 134° ; c'est un liquide incolore, plus lourd que l'eau. Son odeur diffère de celle de son isomère ; elle se rapproche un peu de celle du dioxyde $C^6H^{10}O^2$ que j'ai décrit plus haut. Par ses propriétés chimiques, elle se distingue nettement de l'épichlorhydrine ordinaire.

Le sodium réagit ; mais il ne se forme point de dioxyde. On trouve seulement de l'alcool allylique et des produits distillant au-dessus de 200° sans présenter de point fixe.

Les hydracides se dissolvent dans l'épichlorhydrine β sans s'y combiner. Lorsqu'on distille dans le vide l'épichlorhydrine β saturée d'acide chlorhydrique, ce dernier s'échappe et l'on retrouve la matière première inaltérée ; sous l'action de la chaleur, les hydracides la décomposent.

L'eau ne se fixe sur l'épichlorhydrine β ni à froid, ni à chaud, pas même en présence d'une petite quantité d'acide.

L'hydrogène naissant transforme ce composé en alcool allylique, tandis qu'avec son isomère, on obtient de l'alcool isopropylique.

Le perchlorure de phosphore se comporte d'une façon spéciale avec l'épichlorhydrine β. Il donne de l'épidichlorhydrine β (éb. 94°) identique avec celle qui a été découverte par MM. Friedel et Silva

$$
\begin{array}{c}
CH^2 \\
\diagup \, | \\
O \quad CHCl \ + \ PCl^5 \ = \
\end{array}
\begin{array}{c}
CH^2Cl \\
| \\
CCl \ + \ HCl \ + \ POCl^3. \\
\| \\
CH^2
\end{array}
$$

Dans les mêmes conditions, l'épichlorhydrine ordinaire se transforme en trichlorhydrine.

Le cyanure de potassium réagit immédiatement à 100° sur l'épichlorhydrine α; le dégagement de chaleur est considérable et l'on obtient de l'épicyanhydrine. Son isomère n'est pas attaqué, même au bout de six heures, dans les mêmes conditions de température.

Enfin l'acétate de potassium et l'acétate d'argent ne forment point l'acétine correspondante

$$O \diagup \overset{\displaystyle CH^2}{\underset{\displaystyle CH^2}{\diagdown}} \vert \quad CHOCOCH^3\,;$$

on n'obtient que des produits de polymérisation.

Ces diverses expériences permettent de constater la grande stabilité du chlore et de l'oxygène dans l'épichlorhydrine β. Elles la différencient de son isomère d'une façon indiscutable.

GLYCIDE

Dans le cours de ces recherches sur quelques isomères de la série de la glycérine, j'ai tenté de préparer celui de l'alcool allylique dont on peut supposer l'existence; sa formule devrait être

$$\overset{\displaystyle CHOH}{\diagup \diagdown}$$
$$CH^2 \text{------} CH^2$$

M. Hübner et Müller avaient déjà dirigé leurs travaux dans cette voie en soumettant la dichlorhydrine symétrique

$$CH^2Cl - CHOH - CH^2Cl$$

à l'action du sodium. Ils avaient constaté la formation d'un alcool allylique identique avec celui qui est connu $CH^2OH - CH = CH^2$.

J'ai repris cette expérience. J'ai traité une notable quantité de dichlorhydrine en solution dans l'éther absolu par un poids de sodium insuffisant pour décomposer la totalité du produit. Dans cette réaction, il se forme

1° De l'hydrogène ;

2° Du propylène $CH^3 - CH = CH^2$;

3° De l'épichlorhydrine $CH^2 - CH - CH^2Cl$;
$$\underset{O}{\diagdown\diagup}$$

4° De l'alcool allylique $CH^2OH - CH = CH^2$.

Le sodium enlève de l'acide chlorhydrique à la dichlorhydrine pour former de l'épichlorhydrine. Il fixe le chlore ; une partie de l'hydrogène se dégage, l'autre réduit l'épichlorhydrine en même temps que le sodium lui enlève son atome de chlore et il se forme de l'alcool allylique.

$$
\begin{array}{c}
CH^2Cl \\
| \\
CHOH \\
| \\
CH^2Cl
\end{array}
+ Na =
H +
\begin{array}{c}
CH^2Cl \\
| \\
CH \\
\diagdown O \\
\diagup \\
CH^2
\end{array}
+ NaCl
$$

$$
\begin{array}{c}
CH^2Cl \\
| \\
CH \\
\diagdown O \\
\diagup \\
CH^2
\end{array}
+ Na + H = NaCl +
\begin{array}{c}
CH^2 \\
\| \\
CH \\
| \\
CH^2OH
\end{array}
$$

C'est ainsi que s'explique la migration moléculaire de l'oxhydryle OH qui dans la dichlorhydrine se trouve au milieu de la chaîne, tandis que dans l'alcool allylique il est à l'extrémité.

Il résulte de ce fait que, dans une chlorhydrine, le sodium enlève le chlore et que l'hydrogène de l'oxhydryle voisin est mis en liberté.

Pour vérifier cette manière d'envisager le phénomène, j'ai soumis à l'action du sodium la monochlorhydrine de la glycérine $CH^2OH — CHOH — CH^2Cl$. Ici encore il y a production d'hydrogène et de chlorure de sodium et l'on obtient du glycide.

Préparation de la monochlorhydrine. — M. Fauconnier a montré qu'il se forme de la monochlorhydrine dans la saturation de la glycérine, maintenue à 125°, par un courant de gaz chlorhydrique. J'ai constaté que, lorsqu'on abrège de moitié la durée de l'opération, on obtient peu de dichlorhydrine; environ les deux tiers de la glycérine sont transformés en monochlorhydrine $CH^2OH — CHOH — CH^2Cl$ que l'on isole par distillation fractionnée dans le vide. Lorsqu'on opère sur 6 kilogrammes de glycérine ordinaire dans laquelle on fait passer un rapide courant d'acide chlorhydrique, vingt-cinq heures suffisent ordinairement pour produire au moins 3 kilogrammes de monochlorhydrine. La préparation de ce composé est donc aussi rapide que celle de la dichlorhydrine.

Préparation du glycide. — La monochlorhydrine est traitée par le sodium en présence de l'éther. Il faut prendre les précautions que j'ai déjà indiquées à propos de la préparation du dioxyde, en ayant soin d'employer au moins trois volumes d'éther absolu pour un de monochlorhydrine. Pour éviter une combinaison trop vive suivie d'explosion, on met le sodium par morceaux de 10 à 15 grammes dans une nacelle de cuivre que l'on peut retirer si la réaction devient trop énergique; pendant toute la durée de l'expérience, il se dégage une grande quantité d'hydrogène

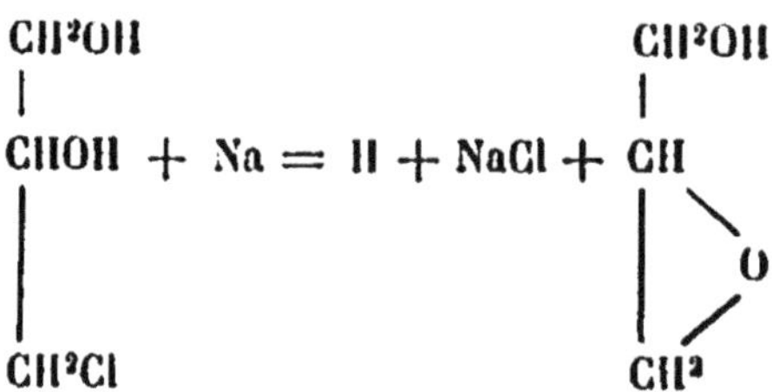

La masse est filtrée et les portions solides sont lavées à l'éther desséché, puis à l'alcool absolu qui s'empare d'un produit visqueux et incolore. Ce qui reste est du sel marin absolument pur; il ne s'est point formé de composé organique sodé.

La solution éthérée est soumise à la distillation, d'abord au bain-marie pour chasser l'éther, ensuite on rectifie dans le vide au bain d'eau salée.

On obtient des traces d'alcool allylique, du glycide (20 0/0 du poids de la monochlorhydrine employée), de la monochlorhydrine non attaquée et des produits supérieurs.

Ces derniers renferment de la monochlorhydrine et d'autres composés qui se dissocient à la distillation, même dans le vide. Leur étude n'est pas encore achevée.

Propriétés du glycide. — C'est un composé qui bout de 160° à 162° à la pression ordinaire. Sous la pression de 15 millimètres, il distille vers 75°.

Il a déjà été obtenu en petite quantité par M. Gegerfeld qui transforme l'épichlorhydrine en acétate de glycide

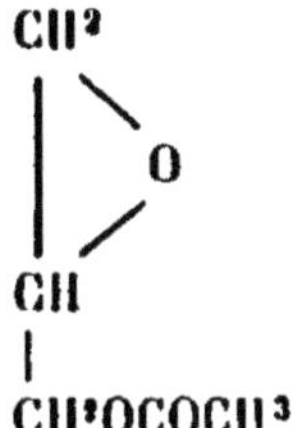

au moyen de l'acétate de potassium.

L'acétate de glycide, sous l'action de la soude sèche et en présence de l'éther, donne un peu de glycide.

M. Hanriot l'a également préparé en traitant par l'oxyde de baryum la monochlorhydrine en solution éthérée.

$$2\ CH^2OH\ |\ CHOH\ |\ CH^2Cl\ +\ BaO = BaCl^2 + H^2O + 2\ CH^2OH\ |\ CH\diagdown O\diagup CH^2$$

Les rendements sont également très faibles. M. Hanriot constate qu'il bout à 160°, se polymérise rapidement, fixe l'eau, l'acide chlorhydrique et l'acide azotique.

J'ai vérifié ces caractères ; seulement j'ai remarqué qu'il ne se polymérise pas, même au bout de dix-huit mois, à la température ordinaire. Au contraire, lorsqu'on le chauffe, il se décompose facilement, dégage de l'acroléine et laisse un produit visqueux ; aussi est-il préférable de le distiller dans le vide.

Il fixe les hydracides, l'acide acétique et les autres acides gras, les anhydrides, les chlorures d'acides, le gaz ammoniac, l'aniline, l'aldéhyde, etc.

Avec l'acide acétique, la réaction se fait à froid et l'on obtient un mélange d'acétines de la glycérine.

La combinaison avec le chlorure d'acétyle se fait avec un dégagement de chaleur tel qu'il est nécessaire d'étendre le glycide avec de l'éther absolu et de verser le chlorure d'acétyle goutte à goutte dans le mélange.

On obtient deux chloracétines

$$\begin{array}{ccc} CH^2Cl & & CH^2OCOCH^3 \\ | & & | \\ CHOCOCH^3 & \text{et} & CHCl \\ | & & | \\ CH^2OH & & CHOH \end{array}$$

La première bout vers 218°; elle se forme aussi lorsque l'on chauffe pendant longtemps l'épichlorhydrine avec de l'acide acétique.

Quant à l'autre, elle distille vers 230° et paraît identique avec celle que M. Henry a préparée au moyen de l'acétate d'allyle et l'acide hypochloreux. Lorsqu'on la traite par le sodium, elle perd de l'acide chlorhydrique et donne naissance à de l'acétate de glycide bouillant à 168°.

$$\begin{array}{ccc} CH^2OCOCH^3 & & CH^2OCOCH^3 \\ | & & | \\ CHCl & + Na = NaCl + H + CH \\ | & & | \diagdown \\ & & \quad O \\ | & & | \diagup \\ CH^2OH & & CH^2 \end{array}$$

Il se dégage de l'hydrogène et cette réaction est comparable à celle du sodium sur la dichlorhydrine ou sur la monochlorhydrine de la glycérine.

Le chlorure de soufre S^2Cl^2 attaque vivement le glycide ; le résultat final est de la dichlorhydrine

$$2S^2Cl^2 + 2\ \underset{\displaystyle CH^2}{\overset{\displaystyle CH^2OH}{CH}} = 3S + SO^2 + 2HCl + 2\ \underset{\displaystyle CH^2}{\overset{\displaystyle CH^2Cl}{CH}}$$

L'épichlorhydrine qui s'est d'abord formée fixe une molécule d'acide chlorhydrique

$$\underset{\displaystyle CH^2}{\overset{\displaystyle CH^2Cl}{CH}} + HCl = \underset{\displaystyle CH^2Cl}{\overset{\displaystyle CH^2Cl}{CHOH}}$$

Les dérivés que l'on obtient avec le gaz ammoniac, les amines, sont difficiles à isoler, car il semble se former en même temps des polymères. Leur étude n'est pas encore terminée. Il en est de même pour les composés qui se forment avec les aldéhydes et le glycide. Ils paraissent présenter les caractères des acétals.

Messieurs, j'ai voulu, dans cette conférence, vous montrer que, même dans la série de la glycérine, où tant de chimistes ont porté leurs recherches, il reste encore beaucoup de problèmes à résoudre. Les quelques expériences que j'ai tentées sont encore bien incomplètes ; pourtant elles ont eu comme point de départ les dérivés directs de la glycérine, l'épichlorhydrine, l'acool allylique, les chlorhydrines, etc., que l'on peut actuellement préparer en quantité considérable.

M. L. TISSIER

Sur l'oxydation des carbures

Messieurs,

L'étude des actions exercées par les agents oxydants sur les composés organiques, et en particulier sur les hydrocarbures, a depuis longtemps occupé l'attention des chimistes. C'est qu'en effet elle présente un intérêt considérable, non seulement au point de vue des différents dérivés que l'on peut obtenir ainsi, mais surtout parce qu'elle peut être une méthode analytique pour la détermination des formules de constitution, l'oxydation donnant souvent des termes plus simples que les carbures employés.

Tant que les réactifs violents : permanganate de potasse, mélange chromique, acide azotique bouillant, auxquels nous sommes encore quelquefois obligés de recourir aujourd'hui furent seuls en usage, on ne pouvait tirer de règle précise sur les modes d'oxydation ; aussi cette partie de la science resta-t-elle stationnaire.

Aujourd'hui par l'emploi de moyens plus doux, notamment de solutions très étendues de permanganate ou d'acide chromique pur, à froid ou à température modérée, on est parvenu, en isolant divers produits des réactions, à connaître d'une manière plus intime le mécanisme des oxydations.

On s'est aperçu alors que les résultats varient non seulement

avec les divers oxydants, mais aussi avec le milieu dans lequel
on opère, comme nous le verrons plus loin.

Après quelques considérations sur la façon de se comporter
des différent réactifs, nous étudierons successivement l'oxydation des carbures forméniques, des carbures éthyléniques, des
carbures acétyléniques, enfin des carbures aromatiques.

OXYGÈNE

L'oxygène libre n'agit le plus souvent qu'à température
élevée ou en présence de la mousse de platine et provoque
alors des combustions plus ou moins complètes qui, en règle
générale, ne peuvent servir à établir la constitution des carbures.

Exemple : Les carbures éthyléniques fournissent comme
termes constants: eau, oxyde de carbone, acide carbonique,
hydrogène.

Toutefois l'oxygène de l'air se fixe sur le benzène en donnant naissance à du phénol. Il suffit en effet de faire passer
un courant d'air sec dans un mélange de chlorure d'aluminium
et de benzène pour obtenir du phénol, mais ce sont là de rares
exceptions, et l'oxygène libre n'est pas employé généralement
pour l'oxydation des carbures. Aussi n'en parlerons-nous pas.

PERMANGANATE DE POTASSE

Le permanganate de potasse en solution alcaline ou acide
donne des résultats différents. La température à laquelle se
fait la réaction n'a pas moins d'importance. A 100° son
action est plus rapide et plus profonde ; aussi, lorsqu'on veut

observer les premiers termes d'oxydation, il vaut mieux opérer à froid. Les réactions exigent alors plusieurs jours ou plusieurs semaines, souvent des mois et même des années, car les produits formés s'oxydent à leur tour avec une lenteur de plus en plus grande.

On se sert ordinairement d'une solution aqueuse contenant de 1 à 15 0/0 de permanganate en une seule fois ou progressivement, en solution acide, neutre ou alcaline.

ACIDE CHROMIQUE

L'acide chromique pur et cristallisé s'emploie dissous dans l'eau ou dans l'acide acétique cristallisable, à froid ou sous l'action de la chaleur, à l'air libre ou en tubes scellés. On fait également usage d'un mélange de bichromate de potasse et d'acide sulfurique étendu ; mais l'acide pur réagit moins énergiquement, en passant à l'état de chromate de sesquioxyde de chrome et doit être préféré, si l'on veut étudier les termes de passage : $2CrO^3 = Cr^2O^3 + O^3$.

ACIDE AZOTIQUE

Les oxydations par l'acide azotique s'effectuent au moyen d'acide dilué ; généralement on prend une partie d'acide et trois parties d'eau.

La réaction a lieu à froid après un contact plus ou moins long ou à l'ébullition. Avec les carbures gras, il y a surtout production de composés nitrés, mais cette méthode réussit mieux pour les carbures aromatiques et permet d'obtenir des

oxydations ménagées. Les dérivés nitrés qui prennent naissance en même temps sont transformés en amines, dont il est
ensuite facile de se débarrasser, soit par chauffage avec l'étain
et l'acide chlorhydrique, soit par l'action de l'ammoniaque et
de l'hydrogène sulfuré.

Prenant successivement chacune des classes de carbures,
examinons l'action sur chacune d'elles des réactifs que nous
venons de passer en revue.

SÉRIE GRASSE

Carbures forméniques $C^n H^{2n+2}$. — L'étude des oxydations de ces carbures est encore peu avancée, ce qui tient à la
grande résistance qu'ils opposent aux actions chimiques, surtout dans les termes inférieurs.

L'acide azotique même fumant n'agit pas à froid après un
contact de plusieurs mois (1) ; à chaud, il y a une réaction violente avec dégagement d'acide carbonique et d'oxydes d'azote,
on obtient toujours de l'eau, de l'acide carbonique, des acides
gras volatils, des nitriles et des produits neutres azotés. Tous
ces corps sont en petite quantité.

Le mélange chromique à chaud fournit aussi des réactions
profondes : il y a rupture de la molécule avec dégagement de
beaucoup d'acide carbonique, formation d'eau, d'acide acétique et d'une trace d'un liquide huileux.

Seul le permanganate permet d'agir plus modérément, mais
son action est lente, c'est ainsi que l'hexane normal a donné
après un contact de deux mois un peu d'un acide volatil cor-

---

(1) SCHORLEMMER, *Liebig's Annalen*, 144, 184.

respondant à l'acide caproïque (1)

$$CH^3 - (CH^2)^4 - CH^3 + O^3 = CH^3 - (CH^2)^4 - CO^2H + H^2O$$

probablement par formation préalable de l'alcool

$$CH^3 - (CH^2)^4 - CH^2OH$$

qui, s'oxydant à l'état naissant se transformerait en aldéhyde puis en acide. A chaud, tous ces carbures sont décomposés en donnant de l'eau, des acides carbonique et acétique ou brûlés complètement.

Carbures éthyléniques C^nH^{2n}. — A l'inverse des précédents, les carbures non saturés et particulièrement les oléfines sont très facilement attaqués par les agents chimiques.

Ils réagissent à froid avec l'acide azotique de densité 1,25 : cependant on est quelquefois obligé de chauffer ou mieux d'employer l'acide fumant.

Exemple : Le *méthylpropyléthylène* chauffé avec l'acide étendu fournit vers 80° les acides butyrique normal et acétique.

$$CH^3 - CH^2 - CH^2 - CH = CH - CH^3 + O^4$$
$$= CH^3 - CH^2 - CH^2 - CO^2H + CH^3CO^2H$$

A 90° on obtient surtout l'acide succinique, par oxydation de l'acide butyrique normal.

$$C^4H^8O^2 + O^3 = C^4H^6O^4 + H^2O.$$

L'acide fumant transforme l'*éthylène* en acide oxalique

$$CH^2 = CH^2 + O^5 = CO^2H - CO^2H + H^2O.$$

Avec l'acide chromique, les carbures en C^nH^{2n} sont oxydés immédiatement et sans perte de carbone en donnant naissance à des corps neutres tels que les aldéhydes et les acétones.

(1) BERTHELOT, *Annales de chim. et phys*, 4ᵉ série, 15, 344.

Cette première oxydation a lieu par l'action de l'acide chromique cristallisé dissous dans une petite quantité d'eau : l'éthylène est attaqué lentement à 120° avec formation d'aldéhyde ; à 100° il n'y a pas de réaction appréciable.

Le propylène s'oxyde plus aisément, car quelques heures de contact suffisent pour donner lieu à la formation d'une grande quantité d'acétone en même temps que prennent naissance, par suite d'une oxydation plus profonde, les acides acétique et propionique (1).

De l'examen de ces différents cas, on peut déduire l'hypothèse que l'acide chromique agit d'abord comme hydratant puis comme oxydant ; on aurait donc les réactions suivantes :

Éthylène

$$CH^2 = CH^2 + H^2O = CH^3 - CH^2 - OH$$

$$CH^3 - CH^2 (OH) + O = CH^3 - C\!\!\nearrow\!\!\searrow\!\!{}^{O}_{H} + H^2O$$

$$\left. \begin{array}{l} CH^3 - C\!\!\nearrow\!\!\searrow\!\!{}^{O}_{H} + O = CH^3 - CO^2H \\[2em] CH^3 - C\!\!\nearrow\!\!\searrow\!\!{}^{O}_{H} + O^4 = CO^2H - CO^2H + H^2O \end{array} \right\} (2)$$

(1) Berthelot, *Annales de ph. et ch.*, 4ᵉ série, 19, 427.
(2) Zeidler, *Berichte*, 12, 2103, *b*.

Propylène

$$CH^3 — CH = CH^2 + H^2O = \begin{cases} CH^3 — CH^2 \quad CH^2\,(OH) \\ CH^3 — CH\,(OH) — CH^3 \end{cases}$$

$$CH^3 — CH^2\,CH^2\,(OH) + O = CH^3 — CH^2 — C\overset{\displaystyle O}{\underset{\displaystyle H}{\Vert}} + H^2O$$

$$CH^3 — CH\,(OH) — CH^3 + O = CH^3 — CO — CH^3 + H^2O.$$

L'aldéhyde plus instable se transformant immédiatement
en acide propionique, l'acétone plus stable fournissant lentement les acides carbonique, formique et acétique et subsis-
tant elle-même en partie.

L'amylène donnera aussi une aldéhyde et une acétone

$$CH^3 — (CH^2)^2 — CH=CH^2 + O + H^2O = \begin{cases} CH^3—(CH^2)^2 — CO — CH^3 \\ CH^3—(CH^2)^3 — C\overset{\displaystyle O}{\underset{\displaystyle H}{\Vert}} \end{cases}$$

Le produit cétonique, plus oxydable que l'acétone ordinaire, fournira de l'acide butyrique et les acides formique et
carbonique, l'aldéhyde se transformant en acide valérique ;
une oxydation plus profonde pouvant engendrer les acides acétique et propionique.

.Chacun de ces acides sera susceptible d'une nouvelle oxydation plus lente qui accroîtra la proportion des acides inférieurs.

On obtient ainsi une réaction complexe: acides valérique,
butyrique, propionique, acétique, formique.

Le permanganate de potasse agit de même facilement et en général un carbure de formule $C^n H^{2n}$ se scinde à l'endroit de la double liaison et donne ainsi naissance à deux acides, dont la somme des atomes de carbone est égale à celle du carbure éthylénique primitif.

Si la fonction éthylénique est terminale, on obtient de l'acide formique et un second acide qui renferme un atome de carbone de moins que le carbure primitif.

Ce sont là les produits principaux qui résultent, en tenant compte de l'hydratation, de ce que celle-ci donne naissance avec un carbure éthylénique à un glycol primaire secondaire qui s'oxyde ensuite pour donner une acétone scindable suivant les règles formulées par M. Wagner (1).

Si on fait agir le permanganate d'une façon plus modérée, en agitant le carbure soumis à l'expérience avec une solution à 1 0/0, on obtient un terme intermédiaire d'oxydation : des glycols (2).

Exemples : Éthylène

$$CH^2 = CH^2 + H^2O + O = CH^2 (OH) - CH^2 (OH)$$

Propylène

$$CH^3 - CH = CH^2 + H^2O + O = CH^3 - CH (OH) - CH^2 (OH)$$

Isopropyléthylène

$$\begin{array}{ccc} CH^3 & & CH^3 \\ \diagdown & & \diagdown \\ CH-CH=CH^2 + O + H^2O = & CH-CH(OH) - CH^2(OH) \\ \diagup & & \diagup \\ CH^3 & & CH^3 \end{array}$$

(1) *Bul. Soc. chimique*, 38, 261; 43, 248.
(2) WAGNER, *Berichte*, 21, 1230, a; 3143, b; 3347, b.

Isobutylène

$$\begin{array}{c} CH^3 \\ \diagdown \\ C = CH^2 + O + H^2O = \\ \diagup \\ CH^3 \end{array} \qquad \begin{array}{c} CH^3 \\ \diagdown \\ C\,(HO) - CH^2\,OH \\ \diagup \\ CH^3 \end{array}$$

On obtiendrait probablement d'une manière analogue les glycols correspondant à tous les carbures éthyléniques.

Le permanganate dans ces conditions agit pour fixer deux (OH) à la liaison éthylénique. Si donc on prend un carbure diéthylénique

$$R - CH = CH - CH = CH - R',$$

on devra avoir addition de quatre oxhydryles, et, en effet, M. Wagner a obtenu avec le diallyle deux alcools tétravalents, des érythrites hexyliques, l'un cristallisé, l'autre amorphe ; ce qui tendrait à prouver que le diallyle est un mélange de deux isomères (on connaît d'ailleurs deux tétrabromures).

Les deux alcools se produiraient suivant les réactions

$$CH^2 = CH - CH^2 - CH^2 - CH = CH^2 + O^2 + 2(H^2O)$$
Diallyle

$$= CH^2\,(OH) - CH\,(OH) - CH^3 - CH^2 - CH\,(OH) - CH^2\,(OH)$$

Succinique

$$CH^3 - CH = CH - CH = CH - CH^3 + O^2 + (H^2O)^2$$
Isomère du diallyle

$$= CH^3 - CH\,(OH) - CH\,(OH) - CH\,(OH) - CH\,(OH) - CH^3$$

Acétique   Acétique
Oxalique

Dans une première phase nous obtenons donc les érythrites ; puis, par oxydation plus profonde et en solution neutre, les érythrites donnent les acides acétique, oxalique, succinique que M. Sorokine a obtenus (l'acide acétique étant en plus forte proportion). Remarquons qu'en solution acide, on n'obtient pas d'acide succinique.

En résumé : Les carbures éthyléniques et polyéthyléniques sont hydroxylés et oxydés en même temps par le permanganate de potasse, deux oxhydryles se fixant à chaque liaison éthylénique pour donner des alcools polyatomiques.

Cette fixation d'hydroxyle peut se faire soit directement, comme l'indique M. Wagner, soit par formation préalable d'oxyde.

Exemple : Avec *l'éthylène* on aurait :

$$CH^2 = CH^2 + O = CH^2 \overset{\displaystyle O}{\overbrace{\hspace{2em}}} CH^2$$

$$CH^2 \overset{\displaystyle O}{\overbrace{\hspace{2em}}} CH^2 + H^2O = CH^2(OH) - CH^2(OH)$$

Cette dernière interprétation est combattue par M. Wagner qui s'appuie sur les faits suivants :

1° « Dans l'oxydation de l'éthylène dibromé par l'oxygène sec, on obtient du bromure d'acétyle bromé (les dérivés de l'éthylène non substitués se comportent de la même façon), tandis que l'éthylène tétrabromé ou l'éthylène tétrachloré ne sont pas oxydés, même en présence de la mousse de platine et à haute température

$$\begin{array}{c} CH^2 \\ \| \\ CBr^2 \end{array} + O = \begin{array}{c} CH^2Br \\ | \\ COBr \end{array}$$

D'après l'équation précédente, il ne peut se fixer directement d'oxygène sur le carbone, car on obtiendrait des oxydes d'éthylène bromés et non des bromures d'acides.

2° Si l'on admet la formation de ces oxydes comme produits intermédiaires, par addition et séparation d'acide bromhydrique (qui se forme dans cette réaction) suivant l'équation

$$
\begin{array}{l}
CH^2 \\
\;\;| \!\!\!\diagdown \\
\;\;\;\;\;\;\; O + HBr = \\
\;\;| \!\!\!\diagup \\
CBr^2
\end{array}
\quad
\begin{array}{l}
CH^2Br \\
| \\
CBr^2\,(OH)
\end{array}
=
\begin{array}{l}
CH^2Br \\
| \\
CBrO
\end{array}
+ HBr,
$$

il est difficile d'expliquer pourquoi l'éthylène complètement chloré ou bromé resterait intact dans l'oxydation, et pourquoi il ne se trouverait pas en même temps des produits de substitution de l'oxyde d'éthylène non altéré.

Étant amené à attribuer à l'hydrogène un rôle important, il lui donne le suivant : « L'éthylène dibromé non symétrique ne peut additionner l'oxygène et tend à se combiner avec un oxhydryle et un atome de brome ; l'hydrogène se combinerait avec l'oxygène que l'on introduit de façon à additionner les éléments d'une molécule d'acide hypobromeux ; ce produit d'addition se décomposant immédiatement en bromure d'acétyle bromé et acide bromhydrique, qui s'unit à $CH \equiv CBr$ pour donner l'éthylène dibromé »

$$
1^{re}\ \text{molécule}
\left\{
\begin{array}{l}
CH^2 \\
\| \\
CBr^2
\end{array}
\right.
+ BrOH =
\begin{array}{l}
CH^2Br \\
| \\
CBr^2OH
\end{array}
=
\begin{array}{l}
CH^2Br \\
| \\
CBrO
\end{array}
+ HBr,
$$

$$
2^{me}\ \text{molécule}
\left\{
\begin{array}{l}
CH^2 \\
\| \\
CBr^2
\end{array}
\right.
+ O = BrOH +
\begin{array}{l}
CH \\
\||| \\
CBr
\end{array}
\Bigg|
\begin{array}{l}
CH \\
\||| \\
CBr
\end{array}
+ HBr =
\begin{array}{l}
CH^2 \\
\| \\
CBr^2
\end{array}
\ \text{Primitif}
$$

Nous ferons observer qu'il est plus simple d'admettre, en tenant compte de la double liaison, que la réaction a lieu d'après les équations ci-dessous

$$
\begin{array}{cc}
CH^2 & CH^2 \\
\| \;+\; O = \| & ; \\
CBr^2 & C - Br \\
& \diagdown \\
& (OBr)
\end{array}
\qquad
\begin{array}{cc}
CH^2 & CH^2Br \\
\| \; Br & | \\
C & = CO \\
\diagdown & \diagdown \\
(OBr) & Br
\end{array}
$$

Carbures acétyléniques C^nH^{2n-2}. — On peut rapprocher les actions exercées par les oxydants sur les carbures en $R - C \equiv C - R'$ de celles que nous venons d'étudier.

Prenons comme exemple l'*acétylène ;* à la liaison acétylénique devrait se fixer une molécule d'eau

$$
CH \equiv CH + H^2O = CH^3 - C \!\!\begin{array}{c} \diagup O \\ \diagdown H \end{array}
$$

$$
CH^3 - C \!\!\begin{array}{c} \diagup O \\ \diagdown H \end{array} + O = CH^3 - CO^2H.
$$

Et, en effet, l'acide chromique en solution aqueuse étendue, attaque lentement l'acétylène avec formation d'acides carbonique et formique ; mais, en ménageant la réaction, on obtient l'acide acétique.

Si nous faisons agir le permanganate de potasse, il y a encore scission à l'endroit de la triple liaison, de sorte que nous obtenons dans l'oxydation des carbures acétylé-

niques les mêmes produits que dans l'oxydation des carbures
éthyléniques correspondants et, avec l'hypothèse d'une hydratation préalable, cela est nécessaire ; en effet, les carbures acétyléniques hydratés donnent naissance à l'acétone dérivée de
l'alcool secondaire que l'on aurait obtenu si l'on avait hydraté
et oxydé le carbure éthylénique correspondant.

Exemple : *Acétylène*

$$CH{\equiv}CH + H^2O = CH^3{-}COH \; ; \; CH^3{-}COH + O = CH^3{-}COOH$$

Éthylène

$$CH^2{=}CH^2 + H^2O = CH^3{-}CH^2OH \; ; \; CH^3{-}CH^2OH + O = CH^3{-}COH$$

L'aldéhyde oxydée donne l'acide acétique.

SÉRIE AROMATIQUE

Benzène. — Le premier des carbures aromatiques, le benzène, formé par l'union de trois molécules d'acétylène, fournit
surtout par l'action des agents oxydants ordinaires les produits
d'oxydation de l'acétylène : les acides formique et oxalique.
En même temps, une molécule de benzène inattaqué peut subir
le remplacement d'un ou deux de ses atomes d'hydrogène par
des carboxyles formés aux dépens d'une deuxième molécule.

Exemple : Un mélange de bioxyde de manganèse et d'acide
sulfurique étendu donne à chaud de l'acide formique, de l'acide
benzoïque, de l'acide phtalique (1).

Le permanganate de potasse donne les acides formique,

____

(1) CARIUS, *Annalen*, 148, 59.

oxalique, propionique. On peut néanmoins obtenir des réactions moins brutales, ainsi l'oxygène sec en présence du chlorure d'aluminium produit le phénol (1).

$$C^6H^6 + Al^2Cl^6 = HCl + C^6H^3Al^2Cl^3$$
$$C^6H^3Al^2Cl^3 + O = C^6H^3OAl^2Cl^3 \; ; \; C^6H^3OAl^2Cl^3 + HCl = C^6H^5OH + Al^2Cl^6$$

Le mélange chromique est sans action sur le benzène.

Carbures benzéniques substitués C^6H^{6-n} (R, R'..., R"). — Si le benzène ne se laisse entamer le plus souvent que par destruction complète de sa molécule, il n'en est pas de même pour ses produits de substitution. En effet, sous l'influence soit de l'acide azotique étendu, soit du permanganate de potasse ou de l'acide chromique, le toluène se convertit en acide benzoïque

$$C^6H^5 - CH^3 + O^3 = C^6H^5 - CO^2H + H^2O;$$

et, en général, avec les carbures benzéniques monosubstitués C^6H^5R (R représentant un radical alcoolique), il reste un groupement carboxyle COOH uni au noyau benzénique, quelque longue d'ailleurs que soit la chaîne.

Il est donc naturel d'admettre que l'action oxydante s'exerce d'abord sur l'atome de carbone relié directement au noyau benzénique pour donner ce carboxyle, le reste de la chaîne se séparant et s'oxydant pour son propre compte en produisant un acide de la série grasse.

Exemples : L'*isoamylbenzène* traité par une solution étendue de permanganate de potasse donne à froid les acides ben-

(1) Friedel et Crafts, *Ann. de ph. et ch.* [6] ; 14.
(2) Popoff, *Bul. soc. chim.*, 17, 580.

zoïque et isobutyrique

$$C^6H^5 - (CH^2)^2 - CH = (CH^3)^2 + O^5$$
$$= C^6H^5 - CO^2H + (CH^3)^2 = CH - CO^2H + H^2O.$$

Ce fait a d'ailleurs été mis hors de doute par M. Friedel qui, oxydant avec ménagement l'éthylbenzène, a obtenu le méthylbenzoïle, terme intermédiaire de la transformation en acide benzoïque (1)

$$C^6H^5 - CH^2 - CH^3 + O^2 = C^6H^5 - CO - CH^3 + H^2O$$
$$C^6H^5 - CO - CH^3 + O^4 = C^6H^5 - CO^2H + CO^2 + H^2O,$$

Nous pouvons donc dire que chaque fois qu'on oxyde les carbures en C^6H^5R, l'oxygène se porte sur le carbone relié directement au noyau benzénique pour fournir tout d'abord : une aldéhyde, si le carbone est primaire, Ex. *Méthylbenzène;* une cétone, s'il est secondaire, Ex. *Éthylbenzène;* un alcool tertiaire si le carbone est tertiaire.

Ces différents corps, aldéhyde, acétone, alcool, produiraient par oxydation ultérieure de l'eau, de l'acide benzoïque et des acides gras.

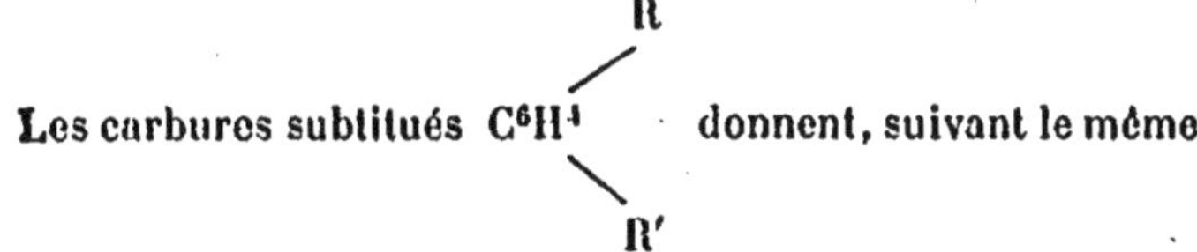

Les carbures substitués C^6H^4 donnent, suivant le même mécanisme, des acides bibasiques ou mixtes, qui prennent naissance par oxydation des deux carbones reliés directement au noyau benzénique.

(1) FRIEDEL, *Bul. soc. chim.*, 32, 547.

Exemple : Cymène

$$C^6H^4 \begin{array}{c} CH^3 \quad (1) \\ \\ C^3H^7 \quad (4) \end{array} + O^3 = C^6H^4 \begin{array}{c} COOH \quad (1) \\ \\ CO - C^2H^5 \quad (4) \end{array} + 2H^2O.$$

Ici, la réaction se complique; car il y a deux chaînes latérales, et si l'oxydation n'est pas complète, une seule s'oxyde

en donnant des acides de la forme $C^6H^4 \begin{array}{c} CO^2H \\ \\ R' \end{array}$.

Exemple: Le *xylène, ortho*, agité avec une solution bouillante de permangate de potasse se change en acide orthotoluique, puis, l'oxydation continuant, en acide orthophtalique suivant les réactions :

$$C^6H^4 \begin{array}{c} CH^3 \quad (1) \\ \\ CH^3 \quad (2) \end{array} + O^3 = C^6H^4 \begin{array}{c} CO^2H \quad (1) \\ \\ CH^3 \quad (2) \end{array} + H^2O ;$$

$$C^6H^4 \begin{array}{c} CO^2H \quad (1) \\ \\ CH^3 \quad (2) \end{array} + O^3 = C^6H^4 = (CO^2H)^2 + H^2O.$$
$$(1,2)$$

Lorsque R est différent de R', la chaîne latérale la plus longue s'oxyde d'abord.

Exemples : L'*éthyltoluène ortho* traité par l'acide azotique étendu se transforme en acide orthotoluïque

$$\underset{\substack{(2)}}{C^2H^5} \diagup \underset{(1)}{\overset{CH^3}{\diagdown}} C^6H^4 + O^6 = \underset{\substack{CO^2H \\ (2)}}{C^6H^4} \diagup \underset{(1)}{\overset{CH^3}{\diagdown}} + CO^2 + 2H^2O ;$$

avec le permanganate ou le mélange chromique, on obtient l'acide orthophtalique.

$$C^6H^4 \diagup \underset{\substack{C^2H^5 \\ (2)}}{\overset{CH^3 \,(1)}{\diagdown}} + O^9 = C^6H^4\,(CO^2H)^2 \underset{(1,2)}{} + CO^2 + 3H^2O.$$

En général, les carbures benzéniques polysubstitués C^6H^{6-n} ($R...R_n$) (n variant de 0 à 6) fournissent par oxydation des acides dont la basicité correspond au nombre des chaines latérales.

Exemples :

CARBURES	AGENTS OXYDANTS	ACIDES
Triméthylbenzine $C^6H^3\,(CH^3)^3\ 1.3.5$	Permanganate	Trimésique $C^6H^3\,(CO^2H)^3$
Tétraméthylbenzine $C^6H^2\,(CH^3)^4\ 1.3.4.5$	»	Mellophanique $C^6H^2\,(CO^2H)^4$
Pentaméthylbenzine $C^6H\,(CH^3)^5$	»	Benzènepentacarbonique $C^6H\,(CO^2H)^5$
Héxaméthylbenzine $C^6\,(CH^3)^6$	»	Mellique $C^6\,(CO^2H)^6$

Ou bien chaque chaîne latérale s'oxyde par degrés successifs en commençant par la plus longue

Exemples :

CARBURES	AGENTS OXYDANTS	ACIDES
Triméthylbenzine (1, 3, 5) $C^6H^3 (CH^3)^3$	Permanganate	Mésitique $C^6H^3 \diagup\!\!\!= (CH^3)$ ... $\diagdown CO^2H$
»	»	Uvitique $C^6H^3 =\!(CO^2H)^2$ ... $\diagdown CH^3$
»	»	Trimésique $C^6H^3 (CO^2H)^3$
Tétraméthylbenzine $C^6H^2 (CH^3)^4(1.3.4.5)$	Acide nitrique	Triméthylbenzoïque $C^6H^2 \equiv (CH^3)^3 (3.4.5)$ ... CO^2H^4

Remarquons que si R, R'..., R_x sont des radicaux alcooliques, d'alcools non saturés, il est probable que la chaîne se rompt d'abord à la liaison soit éthylénique, soit acétylénique.

Exemples : le *phényléthylène*, (styrolène), traité par le mélange chromique ou l'acide azotique donne l'acide benzoïque

$$C^6H^5 — CH = CH^2 + O^5 = C^6 H^5 — CO^2H + CO^2 + H^2O.$$

L'*isobulénylbenzène*

$$C^6H^5-CH=C=(CH^3)^2+O^7 = C^6H^5-CO^2H+C^4H^4O^2+CO^2+H^2O.$$

L'*allyltoluène* fournit avec le permanganate l'acide para-toluylique

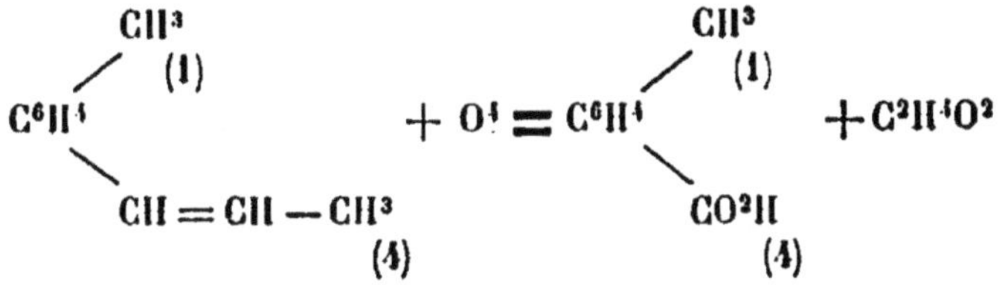

$$
\begin{array}{ccc}
& CH^3 & \\
& \diagup \; (1) & \\
C^6H^4 & & \\
& \diagdown & \\
& CH=CH-CH^3 & \\
& (4) &
\end{array}
\; + O^4 = C^6H^4
\begin{array}{cc}
CH^3 & \\
\diagup \; (1) & \\
& \\
\diagdown & \\
CO^2H & \\
(4) &
\end{array}
\; + C^2H^4O^2
$$

Le *phénylacétylène* donne de l'acétylbenzène sous l'action ménagée du permanganate de potasse

$$C^6H^5 - C \equiv CH + H^2O = C^6H^5 - CO - CH^3.$$

puis de l'acide benzoïque.

Carbures aromatiques à plusieurs noyaux benzéniques reliés par des groupes gras. — Dans la même chaîne hydrocarbonée peuvent exister deux ou plusieurs noyaux benzéniques reliés par des groupes gras. Si chaque carbone d'un de ces groupes possède au plus une liaison directe avec un noyau benzénique, nous retombons sur le cas précédemment examiné.

Le *dibenzyle* se transforme en deux molécules d'acide benzoïque.

$$C^6H^5 - CH^2 - CH^2 - C^6H^5 + O^5 = (C^6H^5 - CO^2H)^2 + H^2O.$$

Le *stilbène* fournit d'abord la benzaldéhyde puis l'acide benzoïque

$$C^6H^5 - CH = CH - C^6H^5 + O^2 = 2(C^6H^5 - COH)$$
$$C^6H^5 - CH = CH - C^6H^5 + O^4 = 2(C^6H^5 - (CO^2H)$$

Le *diméthylstilbène* est brisé à la liaison éthylénique avec formation d'acide méthylbenzoïque, lorsqu'on fait agir l'acide azotique

$$CH^3{-}C^6H^4{-}CH{=}CH{-}C^6H^4{-}CH^3{+}O^4 = 2(CH^3{-}C^6H^4{-}CO^2H).$$

Avec le mélange chromique l'oxydation plus profonde donne l'acide téréphtalique

$$CH^3{-}C^6H^4{-}CH{=}CH{-}C^6H^4{-}CH^3{+}O^{10}{=}2[C^6H^4{=}(CO^2H)^2]{+}2H^2O.$$

Un carbone des groupes gras est-il au contraire relié à deux ou à trois noyaux benzéniques, il semble que chacune de ces liaisons augmente la facilité avec laquelle il est attaqué par les agents oxydants.

Examinons les différents assemblages qui peuvent se présenter.

Les plus simples sont offerts par le diphénylméthane $(C^6H^3)^2 = CH^2$ et le triphénylméthane $(C^6H^3)^3 \equiv CH$, qui, par ébullition avec le mélange chromique, donnent, suivant la règle générale: le premier, une acétone: la benzophénone ; le second, un alcool tertiaire : le triphénylcarbinol

$$(C^6H^3)^2 = CH^2 + O^2 = (C^6H^3)^2 = CO + H^2O$$
$$(C^6H^3)^3 \equiv CH + O = (C^6H)^3 \equiv C(OH).$$

S'il y a des chaînes latérales, elles s'oxyderont ensuite et normalement en donnant successivement tous les termes de la réaction ou quelques-uns seulement.

Exemple : Le *ditolylméthane* attaqué par le mélange chromique fournit successivement la diméthylbenzophénone, l'acide toluylbenzoïque, l'acide benzophénone dicarbonique

$$CH^2 = (C^6H^4 - CH^3)^2 + O^2 = (C^6H^4 - CH^3)^2 = CO + H^2O$$

$$(C^6H^4 - CH^3)^2 = CO + O^3 = CO \Big\langle {C^6H^4 - CO^2H \atop C^6H^4 - CH^3} + H^2O$$

$$CO \Big\langle {C^6H^4 - CO^2H \atop C^6H^4 - CH^3} + O^3 = CO = (C^6H^4 - CO^2H)^2 + H^2O$$

Le *diphényltolylméthane* produit aussi les termes intermédiaires.

$$CH \Big\langle {(C^6H^3)^2 \atop C^6H^4 - CH^3} + O = C\,(OH) \Big\langle {(C^6H^3)^2 \atop C^6H^4 - CH^3}$$

$$C\,(OH) \Big\langle {(C^6H^3)^2 \atop C^6H^4 - CH^3} + O^3 = C\,(OH) \Big\langle {(C^6H^3)^2 \atop C^6H^4 - CO^2H} + H^2O.$$

Il en est de même du *benzyltoluène* (*m*) ou (*p*) qui se transforme en phényltolylcétone

$$CH^2 \Big\langle {C^6H^5 \atop C^6H^4 - CH^3} + O^3 = CO \Big\langle {C^6H^5 \atop C^6H^4 - CH^3} + H^2O$$

puis en acide benzoylbenzoïque.

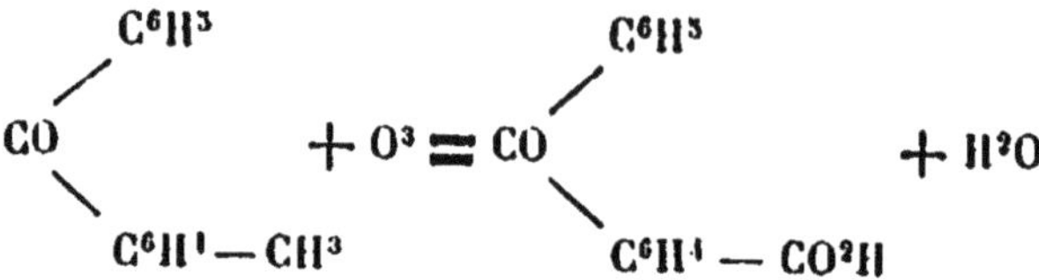

$$CO \left\langle \begin{matrix} C^6H^5 \\ C^6H^4 - CH^3 \end{matrix} \right. + O^3 = CO \left\langle \begin{matrix} C^6H^5 \\ C^6H^4 - CO^2H \end{matrix} \right. + H^2O$$

L'*éthophénylméthane* $C^6H^5 - CH^2 - C^6H^4 - C^2H^5$ et le *diméthophénylphénylméthane*, $C^6H^5 - CH^2 - C^6H^3 = (CH^3)^2$, sont oxydés avec formation immédiate des acides benzoylbenzoïque, benzoylisophtalique

$$CH^2 \left\langle \begin{matrix} C^6H^5 \\ C^6H^4-CH^2-CH^3 \end{matrix} \right. + O^8 = CO \left\langle \begin{matrix} C^6H^5 \\ C^6H^4 - CO^2H \end{matrix} \right. +CO^2+3H^2O$$

$$CH^3 \left\langle \begin{matrix} C^6H^5 \\ C^6H^3 = (CH^3)^2 \end{matrix} \right. + O^3 = CO \left\langle \begin{matrix} C^6H^5 \\ C^6H^3 = (CO^2H)^2 \end{matrix} \right. + 3H^2O$$

Le *benzylmésitylène* offre un exemple du cas ou la réaction s'arrête au premier terme; ici le benzoylmésitylène

$$CH^2 \left\langle \begin{matrix} C^6H^5 \\ C^6H^2 \equiv (CH^3)^3 \end{matrix} \right. + O^2 = CO \left\langle \begin{matrix} C^6H^5 \\ C^6H^3 \equiv (CH^3)^3 \end{matrix} \right. + H^2O.$$

Nous voyons donc que les hydrocarbures aromatiques à plusieurs noyaux benzéniques se comportent, sous l'action des agents oxydants, comme les homologues de la benzine, avec cette remarque que l'oxygène se porte de préférence sur le carbone en contact avec le plus grand nombre de noyaux benzéniques.

Exemples : Dibenzylbenzène

$$C^6H^4 = (CH^2 - C^6H^5)^2 + O^4 = C^6H^4 = (CO - C^6H^5)^2 + 2H^2O.$$

Dibenzyltolyle

$$CH^3 - C^6H^3 = (CH^2 - C^6H^5)^2 + O^4 = CH^3 - C^6H^3 = (CO - C^6H^5)^2 + 2HO^2.$$

Ditolyléthylène

$$(CH^3 - C^6H^4)^2 = C = CH^2 + O^4 = (CH^3 - C^6H^4)^2 = CO + CO^2 + H^2O$$

Tétraphényléthylène

$$(C^6H^5)^2 = C = C = (C^6H^5)^2 + O = (C^6H^5)^2 = C \overset{O}{\overset{\diagup\diagdown}{-\!\!-\!\!-}} C = (C^6H^5)^2$$

$$(C^6H^5)^2 = C \overset{O}{\overset{\diagup\diagdown}{-\!\!-\!\!-}} C = (C^6H^5)^2 + O = 2\,[\,(C^6H^5)^2 = CO)\,]$$

A la suite de ces carbures nous devons placer l'anthracène et le naphtanthracène qui possèdent deux noyaux reliés par des groupes gras, ces noyaux étant tous deux benzéniques dans l'anthracène, l'un benzénique et l'autre naphtalique dans le napthanthracène.

L'anthracène s'oxyde par les carbones qui unissent les noyaux ; la liaison qui unit les deux carbones gras est brisée avec production d'une dicétone : il se forme ainsi de l'anthra-quinone et une molécule d'eau

$$C^6H^4 \underset{CH}{\overset{CH}{\diamondsuit}} C^6H^4 + O^3 = C^6H^4 \underset{CO}{\overset{CO}{\diamondsuit}} C^6H^4 + H^2O\,;$$

par une action plus prolongée, prend naissance l'acide phtalique.

Dans les carbures anthracéniques substitués, on voit l'oxygène se porter d'abord sur ces mêmes carbones gras pour fixer une molécule d'oxygène s'ils sont secondaires, un groupe (OII) au cas où ils sont tertiaires ; les chaînes latérales des noyaux s'oxydent ensuite normalement.

Exemples : L'*hydrure de phénylanthracène* fournit le phénylanthranol

$$
\begin{array}{ccc}
CII - C^6H^5 & & C(OII) - C^6H^6 \\
C^6H^1 \quad C^6H^1 + O^3 = II^2O + C^6H^5 \quad C^6H^4. \\
CII^3 & & CO
\end{array}
$$

L'*hydrure d'éthylanthracène* donne de même l'éthylanthranol

$$
\begin{array}{ccc}
CII - C^2H^5 & & C(OII) - C^2H^5 \\
C^6H^4 \quad C^6H^4 + O^3 = II^2O + C^6H^4 \quad C^6H^4. \\
CII^3 & & CO
\end{array}
$$

Le *méthylanthracène* se transforme d'abord en méthylanthraquinone, puis la chaîne latérale s'attaquant, en acide anthraquinone carbonique

$$
\begin{array}{ccc}
CII & & CO \\
C^6H^4 \quad C^6H^3 - CII^3 + O^3 = II^2O + C^6H^4 \quad C^6H^3 - CH^3 \\
CII & & CO
\end{array}
$$

$$
\begin{array}{ccc}
CO & & CO \\
C^6H^4 \quad C^6H^3 - CII^3 + O^3 = C^6H^4 \quad C^6H^3 - CO^2II + II^2O \\
CO & & CO
\end{array}
$$

Le *diméthylanthracène* donne un acide anthraquinonedi-carbonique

$$C^6H^4 \underset{CH}{\overset{CH}{<}} C^6H^2 = (CH^3)^2 + O^3 = C^6H^4 \underset{CO}{\overset{CO}{<}} C^6H^2 = (CH^3)^2 + H^2O$$

$$C^6H^4 \underset{CO}{\overset{CO}{<}} C^6H^2 = (CH^3)^2 + O^6 = C^6H^4 \underset{CO}{\overset{CO}{<}} C^6H^2 = (CO^2H)^2 + 2H^2O$$

Le *méthylphénylanthracène* donne le méthylphénylan-thranol

$$CH^3 - C^6H^3 \underset{CH}{\overset{C - C^6H^5}{<}} C^6H^4 + O = CH^3 - C^6H^3 \underset{C(OH)}{\overset{C - C^6H^5}{<}} C^6H^4.$$

L'*hydrure de diméthylanthracène* fournit un corps possédant deux fonctions alcooliques tertiaires

$$C^6H^4 \underset{CH - CH^3}{\overset{CH - CH^3}{<}} C^6H^4 + O^2 = C^6H^4 \underset{C(OH) - CH^3}{\overset{C(OH) - CH^3}{<}} C^6H^4.$$

Enfin le *naphtanthracène* donne à l'oxydation le naphtanthraquinone, puis l'acide naphtoylobenzoïque

$$+ O^3$$

$$= \quad + H^2O$$

$$C^6H^5{-}C^{10}H^6 + H^2O = C^6H^4 \genfrac{}{}{0pt}{}{CO - C^{10}H^7}{CO^2H}$$

Hydrocarbures à plusieurs groupes benzéniques directement unis par un atome de carbone, appartenant à un noyau aromatique. — Les carbures aromatiques, dans lesquels plusieurs noyaux benzéniques sont unis par un atome de carbone peuvent se rapporter à deux types :

Le *biphényle* pour les composés qui contiennent deux noyaux.

Le *diphényle-benzène*, pour ceux qui en renferment trois.

De même que le benzène, le biphényle et le diphénylebenzène ne sont pas attaqués par l'acide azotique étendu.

Sous l'influence des solutions de permanganate et d'acide chromique, un des phényles est brûlé en laissant à sa place un carboxyle. C'est ainsi que le biphényle se transforme en acide benzoïque, le diphényle-benzène en acide phényl-benzoïque; puis, par combustion du second phényle, en acide phtalique.

Les dérivés de substitution se comportent d'une façon analogue dans ces carbures. Les chaînes latérales s'oxydent d'abord, en commençant par la plus longue, pour donner des acides dont la basicité correspond à leur nombre.

Exemples : Le *phényltolyle* donne l'acide phénylben-zoïque

$$C^6H^5 - C^6H^4 - CH^3 + O^3 = C^6H^5 - C^6H^4 - CO^2H + H^2O.$$

Le *benzylbiphényle* donne le benzoylbiphényle

$$C^6H^5 - CH^2 - C^6H^4 - C^6H^5 + O^2$$
$$= C^6H^5 - CO - C^6H^4 - C^6H^5 + H^2O.$$

Si la réaction est assez énergique, l'un des noyaux extrêmes, uni ou non à des chaînes latérales peut s'attaquer à son tour, alors un groupe carboxyle le remplace pour saturer l'atomicité libre.

Exemples : Le *phényltolyle* donne l'acide phénylbenzoïque puis l'acide phtalique

$$C^6H^5 - C^6H^4 - CH^3 + O^3 = C^6H^5 - C^6H^4 - CO^2H + H^2O$$
$$C^6H^5 - C^6H^4 - CO^2H + O^{14} = C^6H^4 = (CO^2H)^2 + 5CO^2 + 2H^2O$$

Le ditolyle donne de l'acide diphénylbicarbonique puis de

l'acide phtalique

$$C^6H^4 - CH^3 \atop C^6H^4 - CH^3 \quad + O^3 = \quad {C^6H^4 - CO^2H \atop C^6H^4 - CH^3} \quad + H^2O$$

$$C^6H^4 - CO^2H \atop C^6H^4 - CH^3 \quad + O^3 = \quad {C^6H^4 - CO^2H \atop C^6H^4 - CO^2H} \quad + H^2O$$

A cette classe se rattache un groupe très important de carbures, dans lesquels deux noyaux aromatiques sont unis non seulement par un carbone, mais aussi par des groupes gras possédant une liaison éthylénique.

D'après la règle générale l'oxygène se porte à la liaison éthylénique pour donner des dicétones; ces groupes cétoniques pouvant se transformer en carboxyles.

Exemples : Le *phénanthrène* donne successivement naissance à la phénanthrènequinone ou dicétone et à l'acide orthobiphényldicarbonique.

$$C^6H^4 - CO \atop C^6H^4 - CO \quad + O + H^2O = \quad {C^6H^4 - CO^2H \atop C^6H^4 - CO^2H}$$

Il en est de même du *rétène*, du *fluoranthrène*, du *chrysène*
dont les produits d'oxydation : rétènequinone, fluoranthrènequinone, chrysoquinone ne sont pas des quinones vraies

Rétène

Rétènequinone

$+ O^3 =$

$+ H^2O$

Fluoranthrène

Fluoranthrènequinone

$CH + O^3 = H^2O +$

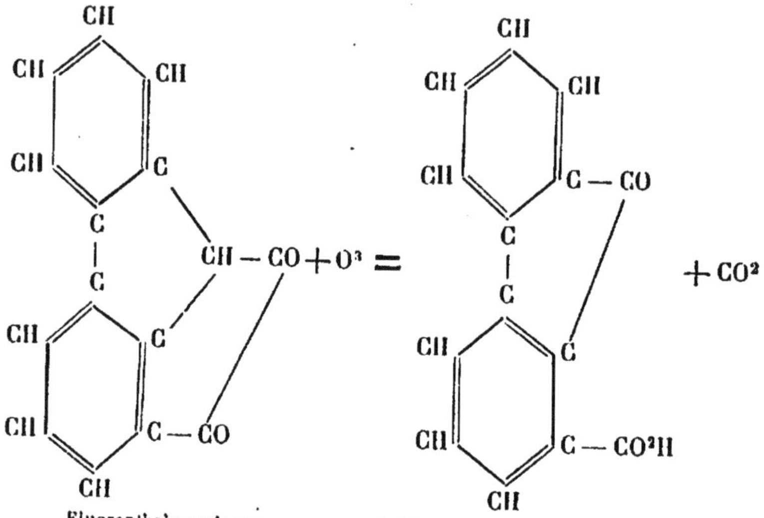

Hydrocarbures à plusieurs noyaux benzéniques réunis par deux ou plusieurs carbones. — Considérons

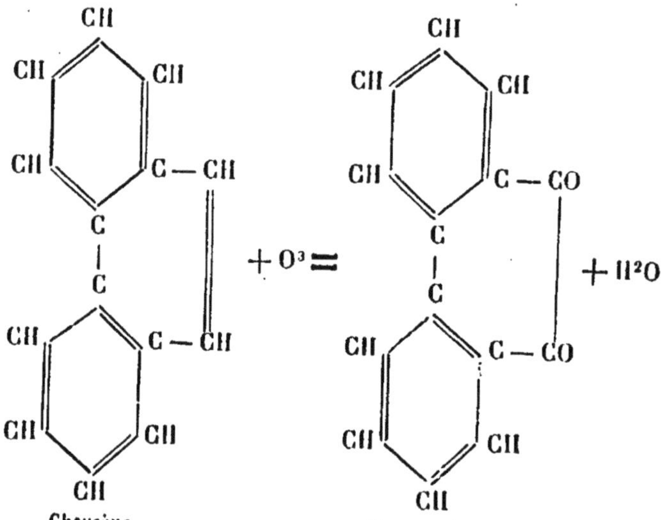

III.

0

·en premier lieu les carbures dans lesquels deux noyaux sont unis par deux carbones

Le *naphtalène*   traité par l'acide ·chromique, le permanganate en solutions aqueuses ou l'acide .azotique étendu, se transforme en acide phtalique aux dépens d'un des noyaux. Mais, si nous faisons agir l'acide ·chromique en solution acétique, l'action de ce réactif étant infiniment plus douce, l'expérience nous montre qu'il se fixe ·deux atomes d'oxygène en position (1,4) pour donner nais-

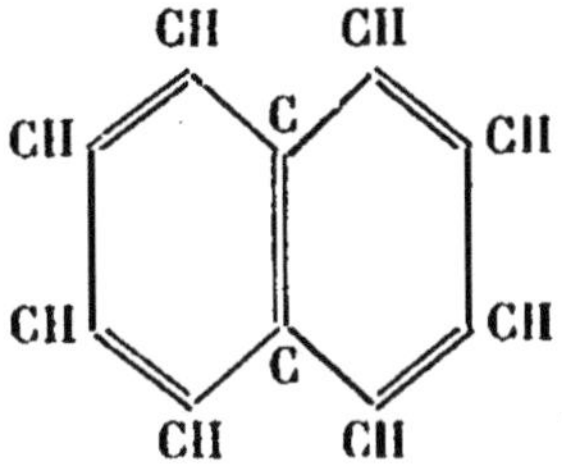

·sance à la naphtoquinone (x)   qui par oxydation ultérieure, produirait l'acide phtalique.

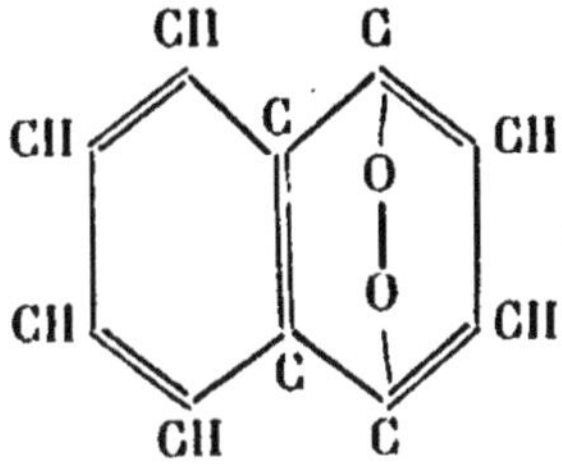

Lorsqu'il y a des chaînes latérales, c'est par elles que ·commence l'oxydation suivant les règles déjà indiquées.

Exemples : Méthylnaphtalène

$$C^{10}H^7 - CH^3 + O^3 = C^{10}H^7 - CO^2H + H^2O.$$

Benzylnaphtalène

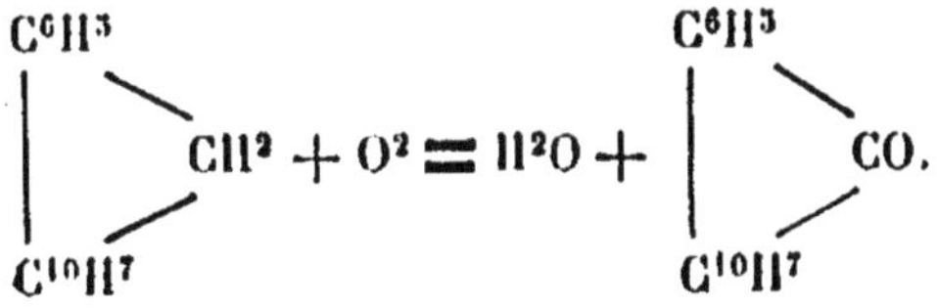

$$C^6H^5 \quad\quad\quad\quad C^6H^5$$
$$\diagdown \quad\quad\quad\quad\quad \diagdown$$
$$CH^2 + O^2 = H^2O + \quad CO.$$
$$\diagup \quad\quad\quad\quad\quad \diagup$$
$$C^{10}H^7 \quad\quad\quad\quad C^{10}H^7$$

Acénaphtène

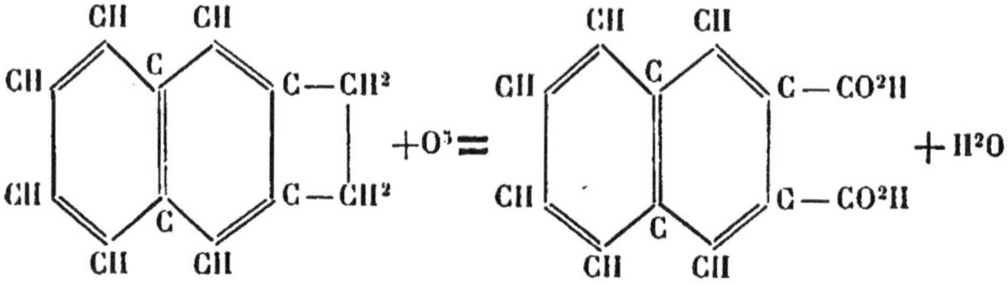

Acénaphtylène

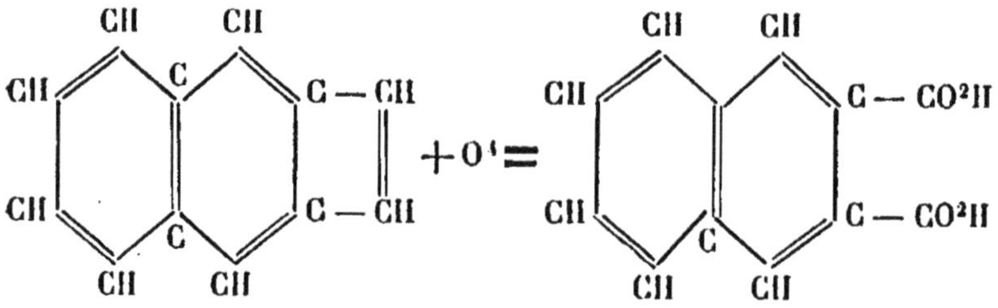

Carbures térébéniques. — Les carbures térébéniques (camphène) oxydés avec précaution créent d'abord une fonction cétonique (un camphre) puis, ils donnent naissance par oxydation et hydratation simultanées à un acide bibasique, l'acide camphorique.

Nous voyons donc, Messieurs, par ce rapide exposé de l'étude des oxydations des carbures, se dégager, au milieu d'un grand nombre de faits isolés se généralisant au fur et à mesure des progrès de la science, quelques lois générales qui nous permettent sinon toujours, du moins très souvent, de fixer les relations de saturation des atomes. Ainsi, pour ne citer que quelques cas, l'oxydation nous indique si un carbure donné appartient à la série grasse ou à la série aromatique. Avec un carbure éthylénique nous connaîtrons les points d'attache de la double liaison.

L'oxydation des carbures benzéniques substitués est aussi un moyen simple et rapide pour savoir le nombre des substitutions de chaînes latérales. De même pour les carbures plus compliqués, tels que l'anthracène, le phénanthrène, le chrysène, etc., nous avons encore un procédé pratique qui nous apprend si les différents noyaux aromatiques sont unis ensemble par leurs carbones ou par des groupes gras, suivant qu'il y a production de quinones vraies ou de cétones.

Nous avons remarqué en outre combien cette étude des oxydations si travaillée déjà laisse un vaste champ de recherches. C'est surtout dans la série grasse que la voie est large, car, à part les carbures éthyléniques étudiés principalement dans ces derniers temps par M. Wagner, nous connaissons bien peu de choses sur les carbures acétyléniques vrais ou substitués, sur les carbures saturés, etc.

Dans la série aromatique, on conçoit que la grande résistance des noyaux, aux agents chimiques, permette d'obtenir plus aisément les termes intermédiaires des oxydations et que par conséquent nos connaissances soient plus complètes dans cette série ; nous en sommes redevables surtout aux idées et aux travaux de MM. Baeyer, Popoff et Friedel.

De plus, l'oxydation des carbures est souvent un excellent moyen de préparation des glycols et des acides. Mais il n'est pas encore en notre pouvoir de modérer toujours convenablement une réaction pour s'arrêter dans l'oxydation aux termes que nous voudrions obtenir.

DÉMÈTRE VLADESCO

Sur les composés diazoïques de la série grasse

Cette conférence a été faite avec beaucoup d'entrain et de succès, le 9 mai 1891, par M. Vladesco. Huit jours après, le jeune savant tombait dans le laboratoire où il était occupé à terminer une thèse de doctorat ayant pour sujet : *Les dérivés chlorés des acétones*, et était enlevé, par une mort presque foudroyante, à la science, à la Roumanie, sa patrie, à ses amis. Qu'il me soit permis d'exprimer ici la vive douleur que m'a fait éprouver cette fin tragique et inattendue, et les regrets profonds que laisse dans le cœur de tous ceux qui l'ont connu la personnalité sympathique et distinguée de M. Vladesco.

C. FRIEDEL.

MESSIEURS,

M. Friedel a bien voulu me proposer de faire une conférence. Ce n'est pas sans hésitation que j'ai accepté cette aimable invitation, d'autant plus que, comme étranger, cette tâche m'était encore plus difficile à remplir. Mais, espérant que vous voudrez bien m'accorder toute votre indulgence, je ferai de mon mieux pour résumer devant vous les résultats auxquels est arrivé M. Curtius dans ses intéressantes recherches sur les composés diazoïques et azoïques de la série grasse.

Les tentatives faites sur les corps amidés gras, en vue d'arriver à des produits plus azotés par l'action de l'acide nitreux, datent de longtemps déjà. Mais, même après la découverte, faite par Griess, en 1860, des dérivés diazoïques aromatiques, tous ces efforts sont restés sans résultats : on n'obtenait en général que les produits ultimes de la réaction, après élimination totale de l'azote :

$$AzH^2CHCO^2H + AzO^2H = Az^2 + H^2O + OHCH^2CO^2H,$$

comme aussi

$$C^6H^5AzH^2 = Az^2 + H^4O + C^6H^5OH.$$

Il est vrai que, par une autre voie, on a réussi à préparer des corps ayant une constitution analogue à celle des composés diazoïques, comme le diazoéthoxane $\overset{\textstyle C^2H^5OAz}{\underset{\textstyle C^2H^5OAz}{||}}$ que Zorn [1] a obtenu par l'action de l'iodure d'éthyle sur l'hypoazotite d'argent et le sel potassique de l'acide diazoéthane sulfonique $\overset{\textstyle C^2H^5Az}{\underset{\textstyle KSO^3Az}{||}}$ de M. E. Fischer [2], résultant de l'oxydation du sel de potassium de l'acide éthylhydrazinesulfonique

$$C^2H^5AzHAzHSO^3H$$

par l'oxyde jaune de mercure. On peut ajouter encore les combinaisons azotiques mixtes découvertes par M. V. Meyer [3].

Ce n'est qu'en 1883 que M. Curtius, en réalisant la formation de l'éther éthylique de l'acide diazoacétique par l'action

(1) *Ber.*, XI, p. 1690.
(2) *Ann. Ch. et Pharm.*, CXCIX, p. 300.
(3) *Ber.*, IX, p.385.

du nitrite de sodium sur le chlorhydrate d'amido-acétate d'éthyle, est arrivé à la découverte du procédé de préparation des acides gras diazoïques.

Ce procédé consiste à traiter *le chlorhydrate d'un éther d'acide amidé par un nitrite en présence d'un déshydratant (acide en excès)*; il se produit l'éther de l'acide gras diazoté correspondant sous la forme d'une huile peu soluble dans l'eau et qu'on peut facilement en séparer par l'éther.

Ce procédé est général : l'auteur l'a appliqué à l'alanine, à la leucine, à l'asparagine, etc., et, dans tous les cas, il a obtenu les éthers des acides diazotés correspondants. De plus, comme on peut opérer sur de très petites quantités de substance et que ces composés diazotés ont des propriétés éminemment caractéristiques, il y a là un moyen pratique de s'assurer si un corps qui a les réactions générales d'un acide amidé possède réellement cette fonction.

La réaction se passe d'ailleurs en deux phases :

D'abord formation du nitrite du composé amidé ;

Ensuite déshydratation de ce nitrite par la présence d'un déshydratant quelconque : acide sulfurique dilué, par exemple.

M. Curtius a pu démontrer expérimentalément l'existence de ces deux phases, en préparant et isolant d'abord ces nitrites qui se forment quand on agite avec du nitrite d'argent en quantité équivalente, le chlorhydrate du composé amidé en poudre fine, tenu en suspension dans l'éther absolu.

Si nous prenons comme exemple le chlorhydrate d'amido-acétate d'éthyle, nous aurons les formules suivantes :

$$(1) \quad HCl.AzH^2 - CH^2 - CO^2C^2H^3 + AzOOAg$$
$$= AgCl + AzOOH.AzH^2 - CH^2 - CO^2CO^2H^5$$

le nitrite de l'éther glycocollique, qui se présente en jolis cristaux solubles dans l'eau et dans l'alcool ;

$$(2)\ \ AzOOH.AzH^2{-}CH^2{-}CO^2C^2H^5 = 2H^2O + Az^2:CH{-}CO^2C^2H^5$$

qui est l'éther éthylique de l'acide diazoacétique.

La principale condition à remplir dans la préparation des acides gras diazoïques en partant des acides amidés, c'est d'employer ces derniers à l'état d'éthers et de sels. Tous les acides diazoïques sont instables à l'état de liberté et c'est là l'explication de la non-réussite des tentatives antérieures faites pour leur préparation.

Acide diazoacétique. — Le plus étudié de ces acides et jusqu'à présent le plus intéressant par les composés auxquels il conduit, c'est l'*acide diazoacétique*, ou plutôt ses éthers. Nous allons exposer avec quelques détails sa préparation et ses propriétés.

Préparation.— On prépare cet acide à l'état d'éthers méthylique, éthylique, etc., de la manière suivante : on dissout 50 grammes de chlorhydrate d'amidoacétate d'éthyle dans le moins d'eau possible qu'on introduit dans un entonnoir à robinet d'un litre environ, en refroidissant le tout un peu au-dessous de 0° ; on y ajoute 25 grammes de nitrite de sodium dissous également dans le moins d'eau possible ; on y verse ensuite goutte à goutte de l'acide sulfurique étendu jusqu'à ce que le liquide commence à se troubler et à se colorer en jaune. Le diazoacétate d'éthyle se rassemble bientôt à la partie supérieure du liquide sous la forme d'une couche huileuse. On agite alors avec de l'éther qu'on décante. On ajoute de nouveau de l'acide sulfurique étendu, et les mêmes opérations sont répétées jusqu'à ce que l'acide sulfurique commence à provoquer un dégagement de vapeurs rouges.

On réunit alors les solutions éthérées, on les agite avec une solution de carbonate de sodium jusqu'à ce qu'il ne se dégage plus d'acide carbonique, puis on lave à l'eau et l'on sèche sur du chlorure de calcium. On distille ensuite en s'arrêtant quand le thermomètre marque 65°. Cette opération doit être faite avec prudence, car la combinaison diazoïque non encore pure peut faire explosion.

Le produit ainsi obtenu est agité avec un volume égal d'eau de baryte. Il se forme une émulsion jaunâtre que l'on divise par portions de 15 à 20 grammes. Chacune de ces portions est distillée avec un courant de vapeur d'eau, qui entraîne le diazoćétate d'éthyle. On agite le liquide distillé avec de l'éther qui enlève le composé ; on redistille et on maintient le corps pendant plusieurs semaines sur du $CaCl^2$. Le rendement en diazoćétate est de 90 à 95 0/0 de la théorie.

PROPRIÉTÉS. — Le diazoacétate d'éthyle est un corps liquide jaunâtre, d'une odeur particulière. Peu soluble dans l'eau, il se dissout dans les dissolvants neutres, possède une réaction neutre et, si on l'enflamme, il brûle sans explosion ; il ne détone pas sous le choc, mais fait explosion sous l'influence de l'acide sulfurique concentré ; il bout à 140-141° sous la pression de 720 millimètres. L'éther méthylique bout à 120° sous la pression de 721 millimètres ; il est peu soluble dans l'eau. L'éther amylique bout à 160° sous la même pression ; il est insoluble dans l'eau.

Les éthers de l'acide diazoacétique de la formule générale $CHAz^2CO^2R$ présentent encore quelques faibles propriétés acides. D'une part, ils se dissolvent dans les alcalis étendus ;

d'autre part, l'hydrogène méthylique peut être remplacé par les métaux alcalins et les métaux lourds.

L'*action des alcalis* est d'ailleurs très différente, suivant qu'ils sont étendus ou concentrés. Avec les alcalis concentrés il y a polymérisation et formation d'un éther de l'acide triazoacétique qu'on étudiera plus loin. Les alcalis étendus, au contraire, donnent les sels normaux de l'acide diazoacétique. Ces sels sont stables en solution étendue ; mais, si on veut les concentrer, ils se décomposent rapidement avec dégagement gazeux. Les acides les décomposent immédiatement avec dégagement d'azote et, par aucun moyen, on n'a pu obtenir l'acide diazoacétique à l'état de liberté. Les acides les plus faibles, même CO^2, dégagent de l'azote.

Les *métaux alcalins* en grenaille et leurs alcoolates réagissent sur une solution éthérée de diazoacétate d'éthyle, en donnant, semble-t-il, des dérivés de la forme $CMAz^2CO^2R$. Ces composés n'ont pas été complètement étudiés. Il semble aussi réagir sur les métaux lourds. M. Duchner mentionne une combinaison mercurique

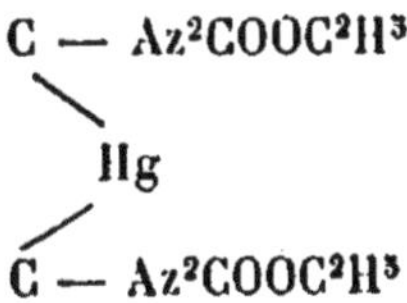

$$C — Az^2COOC^2H^3$$
$$Hg$$
$$C — Az^2COOC^2H^3$$

cristallisée, ayant des propriétés explosives.

Avec une solution aqueuse concentrée d'*ammoniaque*, il se forme, à la température de la cave de M. Curtius, après quelque temps, la diazoacétamide $CHAz^2COAzH^2$, corps cristallisé en tablettes transparentes ou en prismes qui fond a $112°$. Avec les acides étendus, il donne la glycolamide et avec l'iode la diiodo-acétamide. A la température du bain-marie, c'est la triazo-acétamide qui se forme, tandis que, sous l'influence d'un froid intense, c'est la triazimido-acétamide, dont la description sera donnée plus loin, qui en résulte.

Produits de transformation de l'acide diazoacétique. — Les combinaisons diazoïques grasses sont susceptibles de donner lieu à des réactions extrêmement variées.

D'une part, polymérisation avec transformation du groupe

$$\diagup\!\!\!\!\diagdown \, C \begin{array}{c} Az \\ \| \\ \| \\ Az \end{array}, \text{ qui se trouve dans leur molécule, en}$$

$$\equiv C - Az = Az -,$$

polymérisation que nous étudierons plus loin (combinaisons triazoïques) ; d'autre part, transformation avec séparation d'azote, avec saturation des atomicités libres du carbone par d'autres radicaux.

Cette séparation d'azote peut se faire de deux manières différentes :

1° Elle peut être totale, comme dans l'action de l'eau, d'un acide, d'une aldéhyde, etc. ;

2° Ou bien partielle, dans le cas où deux ou plusieurs molécules de ces composés réagissent l'une sur l'autre avec formation de dérivés diazotés plus complexes.

Les équations suivantes donneront un exemple de ces deux modes de séparation de l'azote :

$$(1) \quad CHAz^2CO^2R + H^2O = CH^2(OH)CO^2R + Az^2$$
éthers de l'acide
glycolique.

$$(2) \quad 4CHAz^2CO^2R = C^8H^4Az^2O^8.R^4 + 3Az^2$$
éthers de l'acide
azinesuccinique.

Nous allons examiner les cas de transformation de l'acide diazoacétique suivant la première équation ; l'autre cas mène à des dérivés de l'hydrazine, les acides azine-succiniques.

Presque tous les corps, comme, par exemple, l'eau, les acides minéraux et organiques, les halogènes, les hydracides, les alcools, les phénols, etc., chauffés avec le diazoacétate d'éthyle, déterminent une réaction.

Quand l'acide diazoacétique perd son azote, deux atomicités deviennent libres dans sa molécule ; elles sont saturées par les corps ayant provoqué la réaction. Si ces corps contiennent un H appartenant à un oxhydryle ou à un carboxyle, cet H sature une des atomicités ; le reste fonctionne comme radical monovalent et sature l'autre atomicité. Et ce sont précisément les corps, dont l'H peut se séparer avec plus de facilité, qui réagissent avec plus de vivacité.

En premier lieu, l'*eau*, bien que le diazoacétate d'éthyle soit entraîné, comme nous l'avons vu, par sa vapeur, réagit par ébullition au réfrigérant ascendant sur ce corps en donnant le glycolate d'éthyle :

$$CHAz^2CO^2C^2H^5 + H^2O = CH^2OH - CO^2C^2H^5 + Az^2.$$

L'alcool produit l'éthylglycolate d'éthyle:

$$CHAz^2CO^2C^2H^5 + C^2H^5OH = CH^2 (OC^2H^5) CO^2C^2H^5 + Az^2$$

Les *acides organiques* réagissent de même avec formation d'éthers-sels. La réaction qui se fait à chaud donne lieu à une explosion ; on l'évite, en opérant en présence d'un corps inactif comme le toluène.

Avec l'acide acétique, par exemple, on aura l'acétylglycolate d'éthyle

$$CHAz_2CO_2C_2H_5 + C_2H_5OOH = CH_2O (C_2H_3O) CO_2C_2H_5 + Az_2.$$

L'acide benzoïque forme le benzoylglycolate d'éthyle ; l'acide hippurique, l'hippurylglycolate d'éthyle en cristaux fondant à 72°, solubles dans la benzine, l'alcool, l'éther, insolubles dans l'eau.

Les hydracides réagissent différemment suivant qu'ils sont concentrés ou étendus.

Les hydracides concentrés et principalement HCl conduisent à des dérivés de l'acide acétique monosubstitué :

$$CHAz_2 - CO_2C_2H_5 + HCl = CH_2ClCO_2C_2H_5 + Az_2.$$

Les hydracides étendus agissent plutôt comme hydratants et mènent à l'acide glycolique :

$$CHAz_2CO_2C_2H_5 + HCl + H_2O = CH_2OHCO_2H_5 + HCl + Az_2.$$

Cette réaction est nette avec l'acide chlorhydrique ; avec les autres acides en solution, il y a simultanément les deux réactions. L'acide fluorhydrique ne se substitue qu'à l'état anhydre, tandis qu'en solution il produit l'éther glycolique ou diglycolique, suivant qu'on l'emploie à l'état étendu ou concentré. Dans ce dernier cas, on a :

$$2CHAz_2CO_2C_2H_5 + H_2O + HFl = O \Big\langle {}^{CH_2CO_2C_2H_5}_{CH_2CO_2C_2H_5} + HFl + 2Az_2,$$

Le diglycolate d'éthyle bout à 244-245° sous la pression

de 710 millimètres; il est soluble dans l'alcool et dans l'éther, insoluble dans H_2O.

L'acide chlorhydrique réagit aussi sur la diazoacétamide en donnant le chloroacétamide.

Les halogènes donnent des éthers de l'acide acétique bisubstitué :

$$CHAz_2CO_2H + I_2 = CHJ_2 - COOC_2H_5 + Az_2.$$

Cette réaction est extrêmement nette; elle peut servir même comme un moyen pratique pour le dosage de l'azote, en employant l'iode en solution éthérée ou alcoolique froide. C'est sur cette réaction surtout que M. Curtius s'est basé pour établir la constitution de ces composés diazoïques.

La diazoacétamide fournit une réaction analogue

$$CHAz_2COAzH_2 + I_2 = CHJ_2COAzH_2 + Az_2;$$

elle s'obtient aussi par l'action de l'ammoniaque aqueuse sur l'éther diiodoacétique; elle se présente en cristaux et se sublime en partie vers 185-190° et fond à 101-102° avec décomposition.

Les corps qui ne possèdent pas un atome d'H facilement séparable réagissent plus difficilement. Néanmoins l'aniline donne l'anilido-acétate d'éthyle

$$CHAz_2CO_2C_2H_5 + C_6H_5AzH_2 = C_6H_5AzHCH_2CO_2C_2H_5 + Az_2$$

qui cristallise dans l'éther en tables pentagonales non colorées qui fondent à 58-59°; l'anilido-acétate de méthyle fond à 48°.

Les aldéhydes conduisent aux éthers β cétoniques, bien que les résultats soient plus compliqués, suivant la formule
$$CHAz_2COOR + R'COH = R'COCH_2COOR + Az_2.$$

Mais il est à remarquer que seules, les aldéhydes, dont le point d'ébullition est voisin de celui de l'éther employé, réagissent et même, dans ce cas, à une température plus élevée, deux molécules de l'éther cétonique formé réagissent sur une molécule d'aldéhyde avec élimination d'eau et formation d'un produit plus compliqué et plus difficilement isolable.

Par exemple avec l'aldéhyde benzoïque, en présence du toluène, il se produit le benzoylacétate d'éthyle

$$CHAz^2COA^2H^5 + C^6H^5COH = C^6H^5COCH^2 - CO^2C^2H^5.$$

Mais, si on chauffe simplement ces corps ensemble dans la proportion de trois molécules d'aldéhyde pour deux molécules d'éther diazoïque à une température voisine de l'ébullition, il se forme l'éther benzol-di-benzoylacétique qui résulte de l'action de l'aldéhyde sur l'éther cétonique formé suivant l'équation

$$2C^6H^5COCH^2CO^2C^2H^5 + C^6H^5COH$$

$$= \begin{array}{c} COOC^2H^5 \\ | \\ C^6H^5CO - CH \\ \diagdown \\ CHC^6H^5 + H^2O. \\ \diagup \\ C^6H^5CO - CH \\ | \\ COOC^2H^5 \end{array}$$

Les autres corps, comme les acétones, les chlorures acides, les amides, etc., réagissent difficilement ou sont sans action.

Les hydrocarbures aromatiques réagissent quelquefois à haute température, comme, par exemple,

$$C^6H^6 + CHAz^2CO^2R = C^7H^7CO^2 + Az^2.$$

Les oxydants décomposent rapidement les acides diazoïques. Le diazoacétate d'éthyle réduit la liqueur de Fehling avec un dégagement violent de gaz.

L'hydrogène naissant produit par la poudre de zinc et l'acide acétique transforme les composés diazoïques en dérivés hydraziniques et par une réduction plus prolongée en ammoniaque en régénérant le composé amidé d'où l'on est parti.

Toutes ces réactions si nombreuses sont suffisantes pour éclaircir la constitution de ces corps. Mais disons d'abord quelques mots sur les autres acides diazotés étudiés.

L'acide diazosuccinique ou plutôt ses éthers se préparent de la même façon en partant des éthers aspartiques. On obtient jusqu'à 50 0/0 de la quantité théorique.

Par l'ammoniaque aqueuse, ils produisent les éthers *diazosuccinamiques*, un groupe OR étant transformé en Az^2H

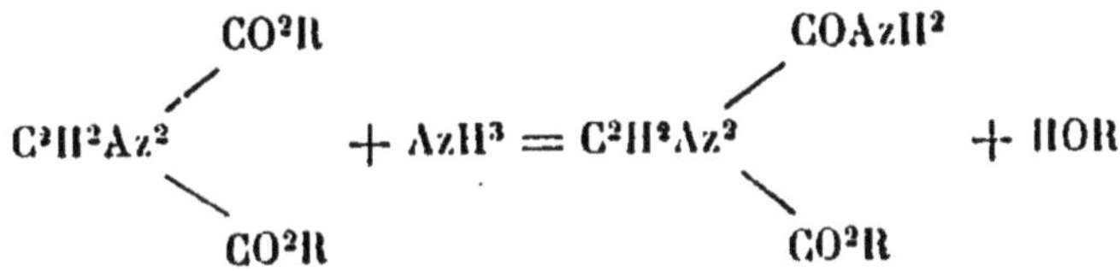

$$C^2H^2Az^2 \overset{CO^2R}{\underset{CO^2R}{<}} + AzH^3 = C^2H^2Az^2 \overset{COAzH^2}{\underset{CO^2R}{<}} + HOR.$$

L'eau bouillante les transforme en éthers *fumariques*

$$C^2H^2Az^2 \overset{CO^2R}{\underset{CO^2R}{<}} + H^2O = C^2H^2 \overset{CO^2R}{\underset{CO^2R}{<}} + Az^2 + H^2O.$$

Les éthers diazosuccinamiques, à leur tour, transforment par l'action de l'eau des *éthers malamiques* et *fumaramiques*

suivant les équations

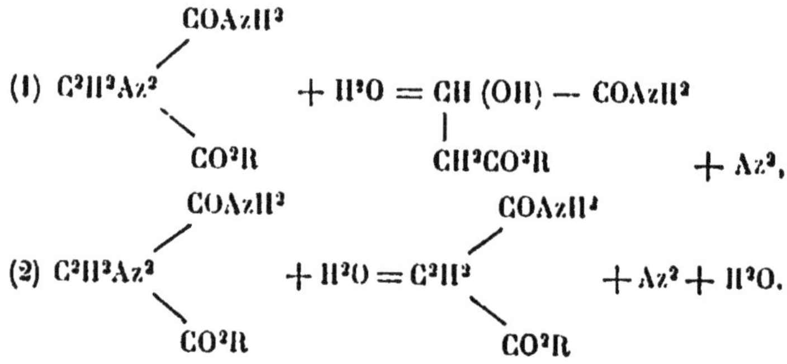

$$(1)\quad C^2H^2Az^2 \underset{CO^2R}{\overset{COAzH^2}{<}} + H^2O = CH\,(OH) - \underset{CH^2CO^2R}{\overset{|}{COAzH^2}} + Az^2,$$

$$(2)\quad C^2H^2Az^2 \underset{CO^2R}{\overset{COAzH^2}{<}} + H^2O = C^2H^2 \underset{CO^2R}{\overset{COAzH^2}{<}} + Az^2 + H^2O.$$

Les *acides organiques* se combinent à chaud aux éthers
diazosuccinamiques comme aux éthers diazoacétiques avec
mise en liberté de l'azote. On obtient des dérivés de l'acide
malamique renfermant un radical acide, comme, par exemple :

$$C^2H^2Az^2 \underset{CO^2R}{\overset{COAzH^2}{<}} + C^6H^5COOH = \underset{CH^2 - CO^2H}{\overset{CO - AzH^2}{C}} + Az^2.$$

Cette réaction n'a pas lieu avec les éthers diazosucci-
niques, aucun dérivé de l'acide fumarique ne se forme.

Les halogènes agissent sur ces mêmes composés en remplaçant les deux atomes d'azote par deux atomes d'halogène
conduisant à un dérivé dissymétrique de l'acide succina-
mique

$$C^2H^2Az^2 \underset{CO^2R}{\overset{COAzH^2}{<}} + I^2 = \underset{CH^2 - CO^2R}{\overset{CI^2 - COAzH^2}{|}} + Az^2.$$

Ces deux dernières réactions surtout suffisent pour mettre en évidence la constitution de l'acide diazosuccinique.

Éther α-diazopropionique. — Le composé qui résulte de l'action de l'acide nitreux sur le chlorhydrate de l'éther éthylique de l'alanine est instable. On a pu d'ailleurs retirer deux corps, l'un bouillant à 80-86° sous la pression de 120 millimètres que l'auteur nomme *éther dioxypropionique*, et l'autre fondant vers 95° qu'il donne sous le nom d'*éther azoxypropionique*, et auxquels il attribue les formules

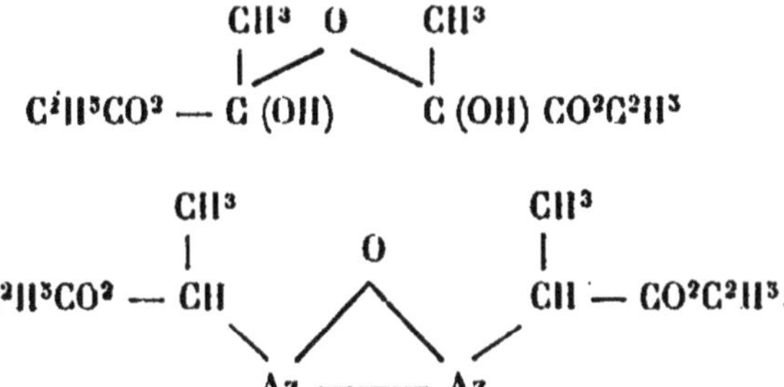

et

Il suppose que ce dernier dérive de l'éther α-diazopropionique

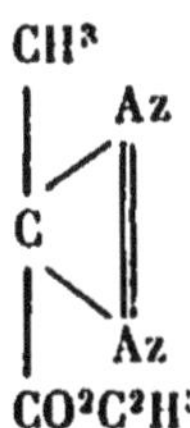

par fixation d'eau :

$$2CH^3CAz^2CO^2C^2H^5 + H^2O = C^{10}H^{18}Az^2O^3 + Az^2$$

et que celui-ci mène au premier par fixation d'oxygène

$$C^{10}H^{18}Az^2O^3 + O^2 = C^{10}H^8O^7 + Az^2.$$

Les recherches ne sont pas d'ailleurs complètes sur ce point.

Le nombre des composés de substitution qui peuvent être obtenus avec les acides diazoïques gras et leurs dérivés est extraordinairement grand. Des produits difficilement préparables par d'autres moyens, par exemple l'acide asymétrique diiodosuccinique, s'obtiennent facilement ainsi.

Constitution des composés diazoïques gras. — La constitution de ces corps apparaît nettement si on se rapelle surtout la manière de réagir des halogènes et de l'hydrogène naissant.

Nous avons vu que, par l'action de l'iode sur l'éther diazoacétique, il se forme de l'acide acétique biiodé avec mise en liberté de l'azote total

$$CHAz^2CO^2H + 2I = CHJ^2COOH + Az^2.$$

Il résulte de là que, dans la molécule de l'acide diazoacétique, les deux atomes d'azote agissent comme un radical diatomique, c'est-à-dire qu'ils échangent entre eux deux atomicités, et chacun se trouve en même temps réuni par l'autre atomicité au même atome de carbone. La constitution de l'acide diazoacétique est donc

$$CH\!\!\begin{array}{c} Az \\ \| \\ Az \end{array}\!\!- CO^2H.$$

Toutes les réactions que nous avons examinées s'accordent avec cette formule.

L'acide diazosuccinique peut avoir deux formules de constitution. Cet acide se prépare, comme on le sait, en partant

du nitrite de l'acide aspartique par perte de deux molécules
d'eau :

$$AzO^2H - AzH^2CH - CO^2H$$
$$| \qquad - 2H^2O,$$
$$CH^2 - CO^2H$$

Or la séparation de l'eau peut se faire de deux manières
différentes :   .

1° Aux dépens des premier et deuxième termes carbonés
de l'acide aspartique, conduisant à la formule

$$Az - CH - COOH$$
$$\| \qquad |$$
$$Az - CH - COOH$$

Acide *diazosuccinique symétrique*

2° Aux dépens du premier terme seulement, menant à cette
autre formule

$$Az$$
$$\|\diagdown$$
$$\qquad C - CO^2H$$
$$\|\diagup |$$
$$Az \quad |$$
$$CH^2 - CO^2H$$

Acide *diazosuccinique asymétrique*

La réduction de l'acide diazosuccinique par l'hydrogène
naissant tranche la question. Il se forme de l'acide aspartique
et de l'ammoniaque, comme nous l'avons indiqué ; ce qui
prouve qu'il possède la forme asymétrique, les deux atomes
d'azote fonctionnant comme $(Az = Az)''$ et étant reliés au
même carbone.

La formule symétrique donnerait dans les mêmes conditions
un acide diamidosuccinique ou tout au plus deux molécules

d'acide diamidoacétique, mais pas d'ammoniaque Il est probable que tous les autres acides diazoïques résultant des acides
gras amidés ont une constitution analogue. On peut dire qu'ils

sont caractérisés par le radical bivalent  et peuvent

être définis comme acides gras dans lesquels deux atomes
d'hydrogène d'un méthyle ou d'un méthylène sont remplacés par deux atomes d'azote doublement unis.

Les acides diazoïques ne sont stables qu'à l'état de sel,
d'éther ou d'amide, c'est-à-dire que lorsqu'ils ne contiennent plus de carboxyle libre. Il n'y a que les combinaisons
triazoïques qui puissent exister à l'état de liberté.

Au point de vue de la constitution, ces composés sont différents de ceux de la série aromatique, dans le sens que les
deux atomes d'azote de ces derniers ne sont jamais reliés au
même carbone. M. Curtius propose de les appeler des *diazoïques internes.*

COMBINAISONS TRIAZOIQUES

Acide triazoacétique. — Nous avons dit que, lorsqu'on
traite l'éther diazoacétique par les alcalis en solution aqueuse
concentrée et chaude, il se forme le sel alcalin d'un acide azoté
qui se distingue des acides azotés normaux par les caractères
suivants :

1° Il peut exister à l'état de *liberté ;*

2° Bouilli avec de l'eau, surtout en présence d'un acide, il

perd son azote à l'état d'*hydrazine*. C'est l'acide triazoacétique, polymère de l'acide diazoacétique, qui se forme suivant l'équation

$$3CHAz^2CO^2C^2H^5 + 3NaOH = 3C^2H^5OH + C^6H^3Az^6Na^3O^6.$$

PRÉPARATION. — Pour le préparer on dissout 80 grammes
de soude dans 120 grammes d'eau, on chauffe la solution au
bain-marie et on y ajoute, peu à peu et en agitant, 50 grammes
d'éther diazoacétique. Tout d'abord il n'y a pas de réaction,
mais bientôt celle-ci commence avec violence et il se dépose
une masse jaunâtre demi-solide; la réaction marche ensuite
d'elle-même sans qu'il soit nécessaire d'élever la température.
Il ne se dégage que très peu d'azote. Après refroidissement, on
ajoute de l'alcool à 95 0/0 et on agite le tout. Il se dépose
une substance qui prend peu à peu une structure cristalline;
on la lave plusieurs fois à l'alcool où elle est complètement
insoluble, puis à l'éther. On obtient de petites aiguilles d'un
jaune clair, constituant le sel de sodium d'un nouvel acide.

On isole ensuite l'acide en décomposant par l'acide sulfurique (200 grammes) le sel de sodium (100 grammes) dissous
dans l'eau (450 grammes). On agite et on laisse en contact
pendant douze heures L'acide se dépose en lamelles brillantes, d'un jaune orangé foncé, ayant pour formule

$$(CHAz^2CO^2H)^3 + 3H^2O.$$

Cet acide est presque insoluble dans l'eau froide, un peu soluble dans l'eau chaude, mais avec décomposition partielle ;
très soluble dans l'alcool froid et absolu, l'acool bouillant le
décompose rapidement. Il est insoluble dans l'éther, le chloroforme, la benzine, le sulfure de carbone. Il fond à 152° et se

détruit à 155°; l'iode ne l'attaque pas. Il forme des sels cristallisés, comme, par exemple, le sel de potassium en prismes orangés, le sel d'ammonium en longues aiguilles, le sel d'argent insoluble, etc.

Les éthers peuvent être préparés par l'action des iodures alcooliques sur le sel d'argent en présence de la benzine ; ils sont beaucoup plus stables que l'acide libre ; l'eau bouillante ne les attaque pas.

Triazoacétamide $C^3H^3Az^6$ $(COAzH^2)^3$, polymère de la diazoacétamide. — Une solution alcoolique d'ammoniaque réagit sur l'éther triazoacétique en donnant une certaine quantité de triazoacétamide, qui se présente alors sous la forme d'une poudre cristalline d'un jaune vif. Le même composé se forme, comme nous l'avons vu, en même temps qu'une certaine quantité de diazoacétamide par l'action d'une solution aqueuse concentrée d'ammoniaque sur l'éther diazoacétique, à la température du bain-marie; dans ce cas, il forme de belles lamelles insolubles dans l'eau et dans les acides dilués, infusibles à 301°. L'iode ne l'attaque pas; avec les acides étendus, il forme de l'hydrazine et donne avec l'acide nitreux une coloration carmin comme l'acide triazoacétique.

Triazimido-acétamide C^3HAz^4 $(AzH)^2$ $(COAzH^2)^3$. — C'est ici le lieu de placer le corps qui s'obtient seulement sous l'influence du froid intense de l'hiver, dans l'action d'une solution aqueuse et très concentrée d'ammoniaque sur l'éther diazoacétique et que l'auteur a décrit d'abord sous le nom de pseudo-diazoacétamide. C'est un corps tout à fait différent de la triazoacétamide, bien qu'il ait la même composition centésimale, c'est-à-dire qu'il est le trimère de la diazoacétamide. Pour l'obtenir, on refroidit une solution aqueuse concentrée de son sel ammoniacal; en l'acidulant par l'acide acétique, on voit se déposer une poudre cristalline jaune d'or.

Il détone à 132-133° avec dégagement d'acide cyanhydrique; il se comporte comme un acide bibasique fort, deux H pouvant être remplacés par des métaux. Comme ce corps ne contient pas de carboxyle libre, il est très probable que ce sont les deux H de deux groupes imides qui déterminent cette propriété acide, et c'est pour cela que l'auteur propose de l'appeler plutôt *triazimidoacétamide*.

Il se décompose par ébullition avec les acides minéraux étendus en donnant de l'acide carbonique et le sel de l'hydrazine; c'est sa propriété la plus remarquable. Avec une solution étendue de lessive de soude ou à l'ébullition avec de l'eau de baryte, il dégage de l'ammoniaque, et en même temps il se dépose un sel de la base employée. L'iode l'attaque difficilement. Il colore la liqueur de Fehling à froid en un vert vif; la diazoacétamide donne une coloration rouge. Ne réduit qu'à l'ébullition les sels d'argent et de mercure. Avec l'acide nitreux, il donne une coloration carmin analogue.

Les sels sont en partie insolubles. Le sel ammoniacal C^3HAz^4 $(Az — AzH^4)^2$ $(COAzH^2)^3$ forme de longues aiguilles, d'un jaune citron, peu solubles; le sel d'argent

$$C^3HAz^4 \ (Az — Ag)^2 \ (COAzH^2)^3$$

est un volumineux précipité jaune d'œuf, qui se réduit par ébullition avec l'eau, etc.

Action de la chaleur sur l'acide triazoacétique. — Si on chauffe ce corps à 60°, il perd son eau et en même temps il se décompose en dégageant de l'acide carbonique. A 100°, après soixante heures de chauffe, l'élimination de CO^2 est complète et il reste une substance blanche cristallisant, par précipitation de sa solution alcoolique avec l'éther, en prismes incolores, ayant pour formule $C^3H^6Az^6$, polymère de la cyanamide. La décomposition a lieu suivant l'équation

$$C^3H^3Az^6(CO^2H) = 3CO^2 + C^3H^6Az^6.$$

On l'a appelée *triméthinetriazimide*. Ce corps fond à 78° et n'est pas altéré à 180° ; il est hygroscopique, soluble à chaud dans l'alcool absolu, insoluble dans l'éther et dans le chloroforme ; il présente une réaction faiblement acide, colore en vert la liqueur de Fehling et se décompose par l'ébullition avec les acides et les alcalis concentrés en ammoniaque et acide cyanhydrique. Il se combine avec deux ou trois molécules de sel métallique, de nitrate d'argent $(C^3H^6Az^6 + 2AzO^3Ag)$, de bichlorure de mercure $(C^3H^6Az^6 + 3HgCl^2)$ cristallisant en lamelles.

L'action des alcalis concentrés sur l'acide triazoacétique conduit de même à un composé de la forme $(CH^2Az^2)^x$; mais l'élimination de CO^3 peut être successive. MM. Curtius et Zang ont réussi une fois à obtenir le composé $C^3H^4Az^6(CO^2H)^2$ en faisant bouillir le triazoacétate de potassium (30 grammes) avec de la lessive de potasse (1,130 grammes à 50 0/0) jusqu'à dissolution complète. On précipite par l'alcool, et le sel qu'on obtient est décomposé par la quantité strictement nécessaire d'acide sulfurique. Il résulte de la réaction une poudre cristalline blanche peu soluble dans l'eau chaude, fusible à 17° avec perte de CO^2. Chauffé plus longtemps à ce point, il se convertit en un composé isomérique avec la triméthinetriazimide et auquel les auteurs attribuent la formule $C^3H^6Az^6$, car il forme avec le nitrate d'argent le même composé

$$C^3H^6Az^6 + 2AzO^3Ag \;;$$

mais il diffère de son isomère par son point de fusion, 145°
au lieu de 78° et par sa cristallisation en rosettes.

Les *alcalis dilués* décomposent lentement à froid l'acide
triazoacétique, mais à chaud l'élimination de l'acide carbonique est totale et, si on distille ensuite dans un courant de
vapeur d'eau la solution rendue légèrement acide, il passe un
produit alcalin ayant l'odeur de l'acide cyanhydrique et qui
donne avec le nitrate d'argent une poudre cristalline ayant
pour composition $(CAz^2Ag^2)^x$, et avec le chlorure mercurique
une poudre amorphe qui a pour formule $(CH^2Az^2)^3 + HgCl^2$.

Le même composé $(CH^2Az^2)^x$ se produit à côté d'une petite
quantité de triazoacétamide par l'action prolongée (seize
heures) de l'ammoniaque en solution aqueuse concentrée et
bouillante sur l'éther triazoacétique. — La base libre n'a
pas été isolée.

L'action de la chaleur et des alcalis sur l'acide triazoacétique
conduit à trois isomères ayant la composition simple de la
cyanamide CAz^2H^2, dont ils se distinguent d'ailleurs complètement. Leur grandeur moléculaire est $(CH^2Az^2)^3 = C^3H^6Az^6$,
comme il résulte, d'après M. Curtius, de la nature de leurs
sels doubles.

L'*action des acides* sur l'acide triazoacétique est particulièrement intéressante. Elle mène à la formation de l'hydrazine, comme l'indique l'équation

$$C^3H^3Az^6 (COOH)^3 + 6H^2O = 3CO^2 + 3HCOOH + 3Az^2H^4.$$

Cette réaction sera étudiée avec plus de détail quand nous parlerons de l'hydrazine.

L'acide triazoacétique, maintenu à 0° et soumis à l'action de vapeurs nitreuses dégagées au moyen de l'acide nitrique et de l'acide arsénieux, se transforme en lamelles d'un rouge carmin, ayant la composition d'un acide *triazooxyacétique* $C^3H^3Az^6O^3 (CO^2H)^3$.

C'est un corps qui détone à 140° et qui se dissout dans les alcalis en formant des solutions orangées, d'où les acides le précipitent sans altération.

Quelle est maintenant la constitution de ces corps qu'on vient d'examiner. — La grandeur moléculaire de l'acide triazoacétique déterminée par la méthode de M. Raoult, en employant le benzène comme dissolvant, conduit à ce fait que l'acide triazoacétique a un poids moléculaire triple de l'acide diazoacétique. L'action de la potasse caustique sur l'éther diazoacétique n'ajoute par conséquent à la molécule de ce dernier acide aucun nouvel élément. Les choses se passent comme si trois molécules d'acide diazoacétique s'unissaient ensemble pour former un acide tricarbonique

$$3 (CHAz^2COOH) = C^3H^3Az^6 \left\{ \begin{array}{l} COOH \\ COOH, \\ COOH \end{array} \right.$$

qui cristallise avec deux ou trois molécules d'eau.

Comment se fait la liaison de ces trois molécules?

Une première hypothèse conduit à admettre que le groupe diazoté $(Az = Az)''$ d'une molécule d'acide diazoacétique se sépare par une de ses atomicités de l'atome de carbone auquel il est relié et va s'unir au groupe méthine d'une deuxième

molécule d'acide ; le groupe $(Az = Az)''$ de la troisième molécule viendra en dernier lieu s'unir au groupe méthine de la
première molécule d'acide.

Les schémas suivants rendent plus claire cette hypothèse :

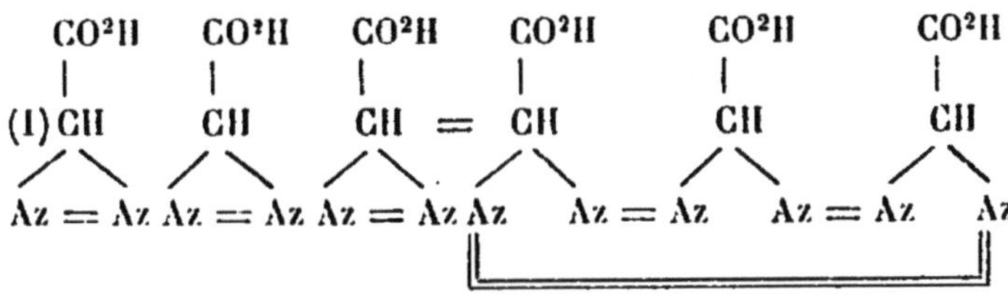

L'acide triazoacétique constituerait, suivant cette hypothèse, l'acide tricarbonique d'une chaîne à neuf termes qu'on
peut réduire à six, c'est-à-dire à un noyau hexagonal formé
de trois groupes de méthylène et trois groupes d'azote doublement uni $(Az^2)''$, noyau que M. Curtius appelle *triazomélhy-
lène;* l'acide triazoacétique deviendrait l'acide *triazotrimé-
thylènetricarbonique* ayant pour constitution :

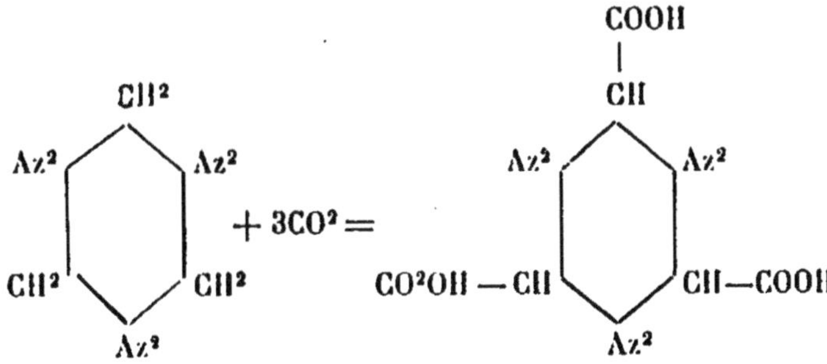

On peut ainsi supposer que les trois molécules d'acide diazoacétique se condensent en formant une chaîne ouverte par
déplacement de deux atomes d'hydrogène de deux groupes

méthine aux atomes d'azote extrêmes :

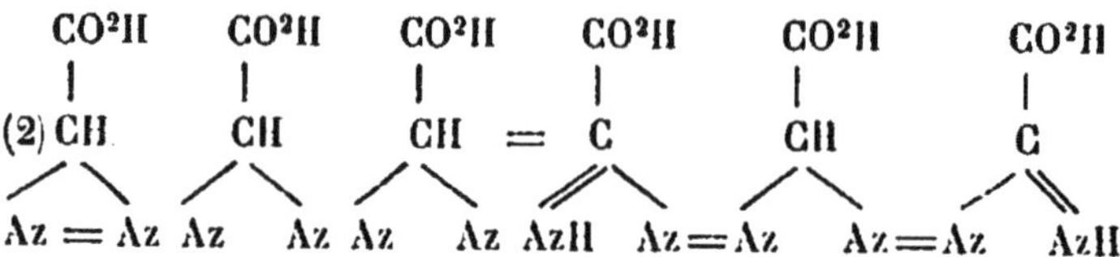

Ce serait un acide tricarbonique qu'on pourrait appeler *tria-zimidoacétique*.

M. Curtius adopte la première formule de constitution comme étant plus d'accord avec la généralité des faits. D'après cette formule, deux atomes d'azote sont unis à deux carbones différents, ce qui rapproche l'acide triazoacétique des dérivés diazoïques aromatiques ; et, en fait, cet acide et ses dérivés jouissent de propriétés tinctoriales. Il forme, par l'action de l'acide nitreux, l'acide triazooxyacétique qui possède une coloration rouge carmin très intense, il y a par conséquent dans ce corps une combinaison grasse azoïque dans le sens des combinaisons azoïques aromatiques.

L'acide triazoacétique perd la totalité de son azote à l'état d'hydrazine (action des acides) ; en même temps, il se forme de l'acide formique et de l'acide carbonique, qui proviennent de la décomposition de l'acide oxalique ; les éthers de l'acide triazoacétique donnent en effet de l'hydrazine et un éther oxalique. Cette réaction est complètement d'accord avec la formule donnée :

$$3\ (COOH - COOH) + 3\ (AzH^2 - AzH^2).$$

L'existence d'une chaîne fermée semble ressortir aussi de ces faits: 1° que, dans l'action des alcalis sur l'acide triazoacétique, l'azote ne s'élimine pas mais reste uni au carbone sous la forme d'un isomère ou polymère de la cyanamide (CH^2Az^2); le triazotriméthylène se diviserait en trois parties :

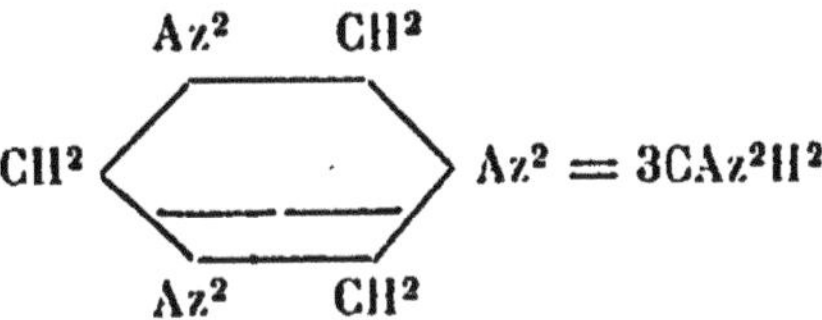

mais cette base forme le sel double $3CAz^2H^2 + HgCl^2$, ce qui conduirait à admettre pour elle une grandeur moléculaire triple $C^3Az^6H^6$.

2° Qu'il existe un acide dicarbonique : $C^3H^4Az^6\begin{cases} COOH \\ COOH \end{cases}$ qui conduit à un composé $C^3H^6Az^6$ tout à fait différent de celui résultant de l'action de la chaleur sur l'acide triazoacétique.

Quand on chauffe l'acide triazoacétique, il se forme bien le corps $C^3H^6Az^6$ qui a la composition du triazotriméthylène. Mais M. Curtius pense que ce n'est pas le même corps, pour la raison qu'un tel corps devrait être coloré, tandis que celui-ci est complètement blanc. Il lui donne comme formule de constitution

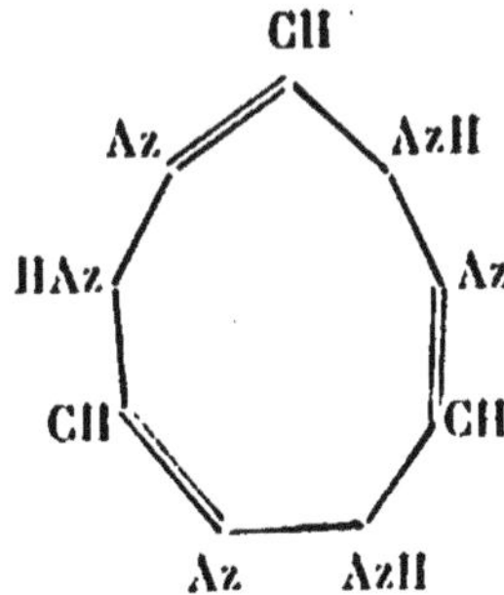

en admettant que l'hydrogène de chaque groupe carboxyle va non pas au groupe méthine voisin, mais plus loin à l'atome double d'azote où il détermine une rupture de liaison. C'est à cause de cette constitution qu'il a appelé le corps $C^3H^6Az^6$ *triméthinetriazimide*.

Le seul fait que cette formule de l'acide triazoacétique ne peut expliquer, c'est la constitution de la pseudo-diacétamide, isomère de la triazoacétamide, dont elle se distingue notamment par son caractère d'acide bibasique, deux hydrogènes étant remplaçables par des métaux lourds. Ce corps ne possédant pas de carboxyle, et le remplacement ne pouvant avoir lieu dans les groupes $COAzH^2$, il faut nécessairement admettre qu'il existe dans sa molécule deux groupes AzH. La formule de ce corps serait :

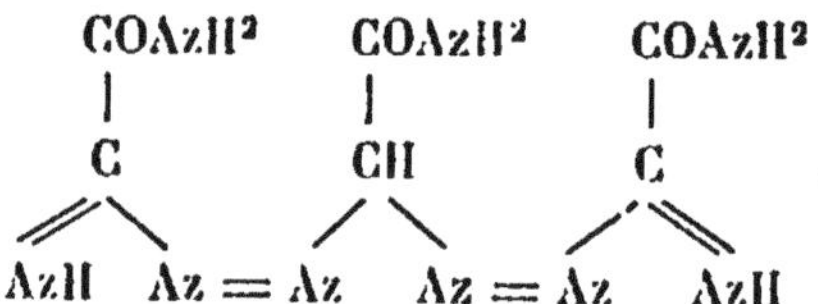

Il constituerait la triazimidoacétamide, l'amide de l'acide triazimidoacétique, c'est-à-dire que, dans ce cas, la condensation de l'acide diazoacétique se ferait suivant la deuxième hypothèse.

L'hydrazine et ses dérivés. — On prévoyait depuis longtemps l'existence de la diamide AzH^2 — AzH^2, d'autant plus qu'on connaissait un composé analogue du phosphore, l'hydrogène phosphoré liquide PH^2 — PH^2, de même que pour l'arsenic on avait l'exemple d'un pareil groupement dans la diméthylarsine $(CH^3)^2As$ — $As(CH^3)^2$.

C'est de ce composé qu'on a fait dériver les hydrazines

déjà connues par substitution de un ou deux radicaux différents à un ou deux atomes d'hydrogène. A cette époque M. E. Fischer est arrivé à transformer par hydrogénation le groupe $(Az = Az)''$ caractéristique des combinaisons azoïques et diazoïques en un groupe diamide; mais ce groupe reste toujours uni au moins à un radical phényle ou éthyle, etc., de sorte qu'on ne peut pas aller plus loin pour séparer de ces combinaisons l'hydrazine elle-même sans décomposition.

C'est M. Curtius qui obtint pour la première fois ce corps, ou plutôt son hydrate $Az^3H^4H^2O$.

On a déjà vu que l'hydrazine se forme par l'action des acides minéraux sur l'acide triazoacétique. La réaction théorique est la suivante :

$$C^3H^3Az^6 (CO^2H^3) + 6H^2O = 3Az^2H^4 + 3 (COOH - COOH).$$

Mais par une décomposition ultérieure de l'acide oxalique, il se forme de l'acide carbonique et de l'acide formique. La décomposition est d'autant plus avancée que l'acide employé est plus concentré et la température plus élevée. L'hydrazine reste à l'état de sel de l'acide employé ou, si la décomposition se fait par l'eau, à l'état de formiate. On peut obtenir aussi l'hydrazine par réduction de l'éther diazoacétique en solution éthéroacétique, au moyen de la poudre de zinc, ou en solution alcaline avec la même poudre ou avec l'aluminium en feuilles; il y a d'abord formation de l'éther de l'acide hydrazine-acétique qui se dédouble en hydrazine et éther acétique pour une faible partie, la majeure partie se séparant en AzH^3 et $AzH^2.COOR$. Les rendements sont très faibles.

L'hydrazine se forme encore dans l'action des acides minéraux étendus sur les composés d'addition formés par l'éther diazoacétique avec les éthers des acides non saturés (fumarique, cinnamique, etc.) :

$$C^3H^3Az^3 (CO^2H)^3 + 2H^2O = Az^2H^4 + C^2H^4 (CO^2H)^2 + 2CO^2.$$

M. Curtius pense que la constitution de ces produits d'addition pourrait être

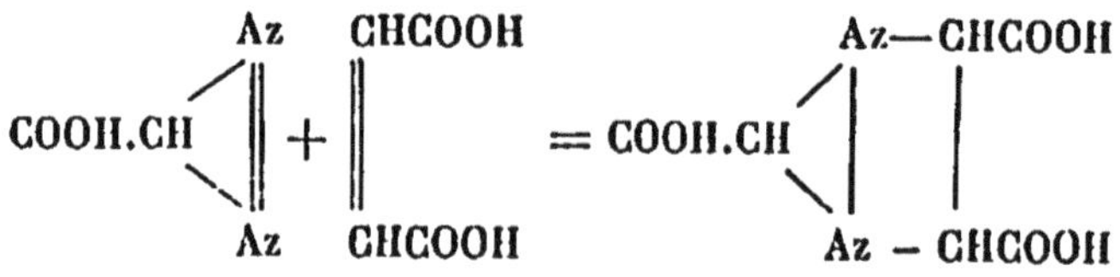

$$COOH.CH \underset{Az}{\overset{Az}{\Big\langle}} \; + \; \overset{CHCOOH}{\underset{CHCOOH}{\|}} \; = \; COOH.CH \underset{Az - CHCOOH}{\overset{Az - CHCOOH}{\Big\langle}}$$

ce qui expliquerait la formation de l'acide succinique.

L'hydrazine se forme encore dans d'autres circonstances, mais le procédé le plus avantageux de préparation de l'hydrazine est la décomposition de l'acide triazoacétique par ébullition avec les acides minéraux.

Préparation. — On chauffe au bain-marie 245 grammes d'acide triazoacétique avec 2 litres d'eau et 300 grammes d'acide sulfurique concentré, jusqu'à dissolution complète. On maintient le mélange à une douce chaleur jusqu'à ce qu'il ne se dégage plus de CO^2. La liqueur, qui a pris une coloration foncée, laisse par refroidissement déposer le sulfate d'hydrazine en cristaux incolores. On filtre sur du coton de verre, et on lave plusieurs fois à l'eau froide. Les eaux mères renferment encore une certaine quantité d'hydrazine; par concentration on obtient une nouvelle cristallisation de sulfate; mais il ne faut pas prolonger trop longtemps la chauffe, car on risquerait de détruire l'hydrazine; les dernières parties, on les enlève par agitation avec l'aldéhyde benzoïque, à l'état de benzylidène-azine, qui régénère l'hydrazine par l'action de l'acide sulfurique étendu. Le sulfate est purifié par cristallisation dans l'eau. Le rendement de cette opération est d'environ 90 0/0.

L'hydrazine a été obtenue par MM. Curtius et Jay ([1]) dans une autre réaction qui présente un certain intérêt au point de vue théorique, bien que les rendements soient très faibles.

En faisant réagir l'acide nitreux sur l'aldéhydate d'ammoniaque, M. Curtius espérait arriver au diazocarbinol

$$
\begin{array}{c}
OH \\
\diagup \\
CH^3CH \\
\diagdown \\
AzH
\end{array}
+ AzO^2H = 2H^2O +
\begin{array}{c}
OH \\
\diagup \\
CH^3C \\
\diagdown \\
Az \\
\Vert \\
Az
\end{array}
$$

de même qu'il était arrivé à l'acide diazoacétique en partant du glycocolle. — Il ne put obtenir ce corps, mais il arriva à une base liquide, à odeur de camphre, dont il ne put établir d'abord la constitution.

Après la découverte de l'hydrazine, il a repris cette question avec M. Jay et ils sont parvenus à l'élucider. Ils ont remarqué d'abord que, dans cette réaction, il y avait des phénomènes de polymérisation avec formation de dérivés de la paraldéhyde dont la formule peut s'écrire de la sorte :

$$
\begin{array}{c}
H \\
\diagup \\
C^3H^{11}O^2C \\
\diagdown \\
O
\end{array}
= 3\,(CH^3CHO).
$$

<hr>

([1]) *Ber.*, XXIII, p. 740.

La base qui se forme par l'action de l'acide nitreux sur l'aldéhydate d'ammoniaque a pour formule $C^6H^{12}Az^2O^3$. La réaction peut se représenter par

:

$$3CH^3 - \overset{\displaystyle H}{\underset{\displaystyle AzH^2}{C}} - OH + AzO^2H = 2H^2O + 2AzH^3 + C^6H^{12}Az^2O^3$$

Cette base traitée par l'acide chlorhydrique étendu forme le chlorhydrate cristallisé d'une nouvelle base $C^6H^{13}AzO^2HCl$:

$$C^6H^{12}Az^2O^3 + HCl + H^2O = AzO^2H + C^6H^{13}AzO^2HCl.$$

Or la base $C^6H^{13}AzO^2$, qu'on isole de ce sel, ne diffère de la paraldéhyde C^6H^2O que par la substitution de AzH à l'oxygène. On peut l'écrire :

$$C^6H^{13}AzO^2 = \overset{\displaystyle H}{\underset{\displaystyle AzH}{C^3H^4O^2C}}$$

On a appelé cette base *paraldimine;* c'est un liquide qui bout à 140°; il est peu soluble dans l'eau qui le décompose en ammoniaque et paraldéhyde :

$$\overset{\displaystyle H}{\underset{\displaystyle AzH}{C^3H^4O^2C}} + H^2O = \overset{\displaystyle H}{\underset{\displaystyle O}{C^3H^4O^2C}} + AzH^3$$

Son chlorhydrate cristallise en petites aiguilles.

Si on traite le chlorhydrate de la paraldimine par le nitrite de sodium, on obtient le même dérivé nitrosé qui se forme par l'action de l'acide nitreux sur l'aldéhydate d'ammoniaque. C'est la *nitrosoparaldimine* dont la formule peut s'écrire :

$$C^5H^{11}O^2C\begin{array}{l}\diagup H\\ - AzHHCl\end{array} + AzOONa = C^5H^{11}O^2C\begin{array}{l}\diagup H\\ \diagdown\!\!\diagdown Az - AzO\end{array} + H^2O + NaCl.$$

Il y a donc d'abord polymérisation de l'aldéhydate d'ammoniaque sous l'influence de l'acide nitreux et ensuite formation de la nitrosoparaldimine

$$3CH^3C\begin{array}{l}\diagup H\\ - OH\\ \diagdown AzH^2\end{array} + AzOOH = C^3H^{11}O^2C\begin{array}{l}\diagup H\\ \diagdown AzAzO\end{array} + 2H^2O + 2AzH^3$$

Cette base bout vers 170° avec décomposition et distille à 95° sous la pression de 35 millimètres. L'hydrogène naissant produit par un mélange de zinc et d'acide acétique la réduit en *amidoparaldimine* ou *paraldylhydrazine*

$$C^3H^{11}O^2C\begin{array}{l}\diagup H\\ \diagdown\!\!\diagdown Az - AzO + 2H^2\end{array} = C^3H^{11}O^2C\begin{array}{l}\diagup H\\ \diagdown\!\!\diagdown Az - AzH^2\end{array} + H^2O.$$

base fortement alcaline qui forme avec l'acide chlorhydrique un sel cristallisé très hygroscopique. Cette base (ou son chlorhydrate), bouillie avec de l'acide sulfurique étendu, se dédouble en hydrazine et paraldéhyde

$$C^5H^{11}O^2C\underset{\diagdown}{\overset{H}{\diagup}}Az.AzH^2 + H^2O = C^5H^{11}O^2C\underset{\diagdown_O}{\overset{H}{\diagup}} + Az^2H^4.$$

On sépare l'hydrazine à l'état de benzylidène-azine.

La décomposition par l'acide chlorhydrique peut alors s'exprimer par:

$$C^5H^{11}O^2C\underset{\diagdown}{\overset{H}{\diagup}}AzAzO + HCl + H^2O = C^5H^{11}O^2C\overset{H}{\diagup} + \underset{AzH.HCl}{AzOOH}$$

et ce sel par l'action de l'eau donne:

$$C^5H^{11}O^2C\underset{\diagdown}{\overset{H}{\diagup}}AzH.HCl + H^2O = C^5H^{11}O^2C\underset{\diagdown_O}{\overset{H}{\diagup}} + AzH^4Cl$$

réaction qui a lieu avec la nitrosamine:

$$C^5H^{11}O^2C\underset{\diagdown AzAzO}{\overset{H}{\diagup}} + 2H^2O = C^5H^{11}O^2C\underset{\diagdown_O}{\overset{H}{\diagup}} + AzH^4AzO^2.$$

Sels d'hydrazine. — L'hydrazine se combine à une ou deux molécules d'acide monobasique ; elle forme des sels très stables qui possèdent des propriétés fortement réductrices, même en solutions acides ; elle ne donne que de l'azote et de l'eau, propriété qui peut les faire employer avec quelque avantage dans les recherches analytiques. Ces sels chauffés à haute température se décomposent en sel d'ammonium, Az et H ; seul, le sulfate se montre peu soluble dans l'eau froide et peut servir à caractériser l'hydrazine. Dans l'alcool, ces sels sont peu ou pas solubles. Ils cristallisent facilement et paraissent isomorphes avec les sels correspondants de l'ammonium. Ainsi (Az^2H^4) HCl donne par cristallisation rapide la forme du AzH^4Cl en plumes. — Traités par les nitrites, ces sels se décomposent avec dégagement gazeux.

M. Curtius a préparé les sels suivants :

$$AzH^2 — HCl$$
Le *dichlorhydrate* | en octaèdres fusibles à 198°
$$AzH^2 — HCl$$

avec dégagement d'acide chlorhydrique et formation de monochlorhydrate. A 240°, il se transforme en AzH^4Cl avec dégagement d'azote et d'hydrogène :

$$2\,(Az^2H^4.2HCl) = 2\,Az\ H^4Cl + Az^2 + H^2 + 2HCl.$$

Le *monochlorhydrate* $AzH^2 — AzH^2HCl$ dérive du précédent et se présente en aiguilles fusibles à 89° et se décompose comme l'autre à 240°.

$$AzH^2$$
Le *sulfate* | , en tables ou prismes aplatis
$$AzH^2 — H^2SO^4$$

peu solubles dans l'eau froide ; on peut utiliser cette propriété pour précipiter l'hydrazine de ses combinaisons solubles. Il fond à 254° avec perte de gaz; chauffé brusquement, il se décompose en $(AzH^4)^2SO^3$, SO^2, H^2S et S.

Le *formiate* s'obtient directement dans la décomposition de l'acide triazoacétique par l'eau; il cristallise en petites aiguilles ou en lamelles rectangulaires; il fond à 128° avec décomposition.

Le *carbonate* est déliquescent; l'*acétate* est une masse cristalline; l'*oxalate*, le *nitrate* sont également cristallisés.

L'hydrate d'hydrazine $AH^2 — AzH^3OH$. — L'hydrazine à l'état anhydre est difficile à obtenir, car dans toute réaction, pour la faire sortir de ses sels, il y a toujours formation d'eau. En distillant un sel d'hydrazine avec de la baryte caustique, on ne peut obtenir qu'un mélange d'hydrazine et d'hydrate. D'après M. Curtius, l'hydrazine serait un gaz ou du moins un liquide extrêmement volatil, possédant pour l'eau une avidité extraordinaire. Sa composition résulte de la détermination de la grandeur moléculaire de ses trois combinaisons avec l'aldéhyde, comme aussi du fait de la formation d'un mono-chlorhydrate.

L'hydrate s'obtient plus commodément en distillant du sulfate d'hydrazine avec de la potasse concentrée. L'opération doit se faire dans un appareil d'argent, car l'hydrate d'hydrazine bouillant attaque le verre, le caoutchouc et le liège. On retire ensuite l'hydrate de son mélange avec l'eau par distillation fractionnée.

Cet hydrate est un liquide fumant à l'air, bouillant à 110° sans décomposition; sa saveur est alcaline et brûlante; il produit au contact de l'acide chlorhydrique gazeux des fumées blanches comme l'ammoniaque; il est très caustique et constitue un antiseptique puissant. Il possède des propriétés

extrêmement réductrices et serait le réducteur le plus énergique que nous connaissions. Il réduit à chaud en solution
neutre le chlorure platinique à l'état métallique ; en solution
acide, il le transforme en chlorure platineux ; il réduit les sels
d'argent en morceaux brillants d'aspect cristallin, la liqueur
de Fehling avec miroir de cuivre et précipite l'alumine de
ses sels ; il détone avec l'acétone, la quinine, l'oxyde de
mercure, etc.

Sa constitution peut être $AzH^2 — AzH^3OH$ ou

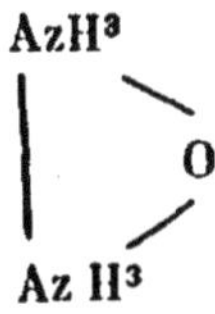

L'existence d'un monochlorhydrate et ce fait que ce sel ne
contient pas d'eau de constitution ont décidé M. Curtius à
adopter la première formule.

Une des propriétés importantes de l'hydrazine, c'est l'action sur les aldéhydes et les acétones qui est analogue à celle
des hydrazines substituées.

. Avec les *aldéhydes*, la condensation se fait entre une molécule d'hydrazine et deux molécules d'aldéhyde avec élimination de deux molécules d'eau suivant l'équation générale :

$$2R''O + \begin{array}{c} AzH^2 \\ | \\ AzH^2 \end{array} = \begin{array}{c} Az = R'' \\ | \\ Az = R'' \end{array} + 2H^2O.$$

La réaction peut se faire soit avec l'hydrate d'hydrazine,
soit avec ses sels. Ces combinaisons sont peu solubles dans
l'eau, plus ou moins solubles dans l'alcool et l'éther qui les

laissent déposer à l'état de cristaux. L'eau chaude ne les décompose pas; elles sont insolubles dans les acides étendus et
les alcalis, mais elles sont décomposées par ébullition avèc les
acides; elles se décomposent quantitativement en aldéhyde
et hydrazine par une réaction inverse :

$$\begin{array}{l} Az = R'' \\ \mid \\ Az = R'' + 2H^2O = AzH^2 + 2R''O \\ \qquad\qquad\qquad\quad \mid \\ \qquad\qquad\qquad AzH^2 \end{array}$$

MM. Curtius et Jay ont surtout préparé ces combinaisons
avec les aldéhydes aromatiques et ils appellent ces corps
azines.

La benzilidène-azine Az^2 $(CH - C^6H^5)^2$, qui résulte de la
combinaison avec l'aldéhyde benzoïque, cristallise en longs
prismes brillants, d'un jaune de soufre, fusibles à 93°. Par la
chaleur, elle donne de l'azote et du stilbène. L'hydrogène
dégagé par le sodium en présence d'alcool la transforme en
benzilamine, tandis que par l'amalgame du sodium c'est la

$$\text{dibenzylhydrazine qui se forme} \quad \begin{array}{l} Az\,H - CH^2C^6H^5 \\ \mid \\ AzH - CH^2C^6H^5 \end{array} \quad . \text{ Elle peut}$$

avoir comme formule de constitution

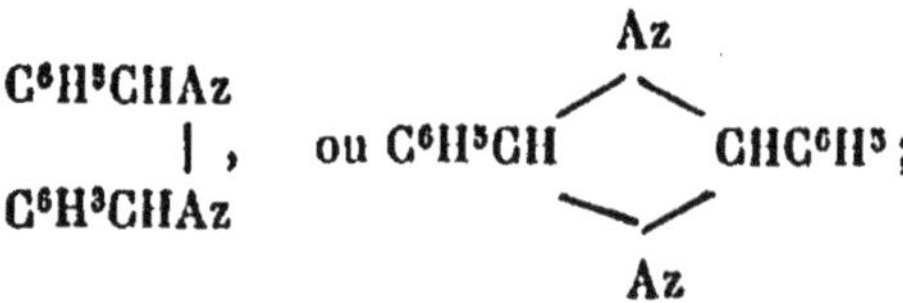

$$C^6H^5CHAz \atop \underset{\displaystyle C^6H^3CHAz}{\mid}, \quad \text{ou } C^6H^5CH \overset{Az}{\underset{Az}{\diamondsuit}} CHC^6H^3 ;$$

sous cette seconde forme, elle serait analogue à la phénazine
avec cette seule différence que les azotes sont reliés à des

groupes méthines au lieu de noyaux benzéniques. Mais le fait de la fixation de quatre ou six atomes d'H fait écarter la seconde qui ne pourrait en fixer que deux :

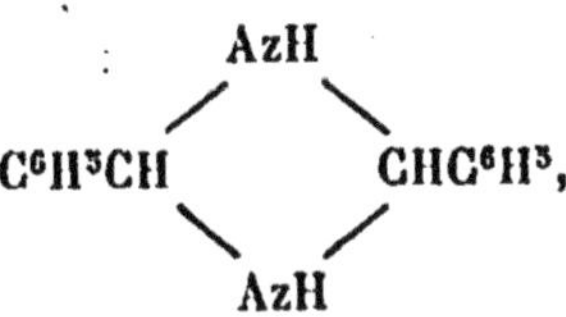

L'α-oxybenzylidène-azine préparée avec l'aldéhyde salicylique

$$C^6H^4 (OH) CH = Az$$
$$|$$
$$C^6H^4 (OH) CH = Az$$

cristallise en lamelles argentines fusibles à 205°.

L'α-nitrobenzylidène-azine

$$C^6H^{11} (AzO^2) CH = Az$$
$$| \; ,$$
$$C^6H^{11} (AzO^2) CH = Az$$

obtenue avec la *nitrobenzaldéhyde*, cristallise en aiguilles, d'un jaune clair, fusibles à 181°.

La cinnamylidène-azine
$$C^6H^5CH = CHCH = Az$$
$$|$$
$$C^6H^5CH = CHCH = Az$$
, préparée avec l'aldéhyde cinnamique, cristallise de l'alcool en longues lamelles, d'un jaune clair, fusibles à 162° ; en solution chloroformique, elle fixe quatre atomes de brome et forme un composé tétrabromé en cristaux rouges.

L'action de l'hydrazine sur les aldéhydes grasses n'a pas été étudiée. Cependant on a observé son action sur le glyoxal ;

il se forme un précipité jaune microcristallin ayant pour formule $C^8H^{20}Az^6O^8$ et qui représente trois molécules d'hydrazine pour quatre de glyoxal unies sans élimination d'eau. Ce dérivé est donc tout à fait particulier.

Avec *les acétones*, *les dicétones* et les éthers β-cétoniques, l'hydrazine à l'état de sel réagit plus difficilement; à l'état d'hydrate, au contraire, la réaction est très facile. Il se forme avec les composés aromatiques de cette nature des dérivés cristallisés, insolubles dans l'eau, solubles dans l'alcool. La condensation se fait avec les acétones aromatiques de la même manière qu'avec les aldéhydes : une molécule d'hydrazine s'unit avec deux molécules d'acétone avec élimination de deux molécules d'eau : par exemple, avec le méthylbenzoyle,

$$
\begin{array}{c}
AzH^2 \\
| \\
| \\
AzH^2
\end{array}
\quad + \quad
\begin{array}{c}
\diagup C^6H^5 \\
CO \\
\diagdown CH^3 \\
\\
\diagup C^6H^5 \\
CO \\
\diagdown CH^3
\end{array}
\quad =: \quad
\begin{array}{c}
Az = C \diagup^{C^6H^5} \diagdown_{CH^3} \\
| \\
Az = C \diagup^{C^6H^5} \diagdown_{CH^3}
\end{array}
\quad + \; 2H^2O ;
$$

Avec les dicétones la réaction a lieu entre une molécule d'hydrazine et une molécule de dicétone :

$$
\begin{array}{c}
AzH^2 \\
| \\
AzH^2
\end{array}
\begin{array}{c}
CO{-}C^6H^5 \\
| \\
CO{-}C^6H^5
\end{array}
=
\begin{array}{c}
Az{=}C{-}C^6H^5 \\
| \quad | \\
H^2Az \quad CO{-}C^6H^5
\end{array}
+ H^2O =
\begin{array}{c}
Az{=}C{-}C^6H^5 \\
| \quad | \\
Az{=}C{-}C^6H^5
\end{array}
+ 2H^2O .
$$

Ces recherches ne sont pas encore terminées.

M. Curtius a étudié de plus près l'action de l'hydrazine sur l'acétylacétate d'éthyle : elle a lieu de même entre une molécule d'hydrazine et une molécule d'éther avec élimination d'eau, d'alcool et formation d'un dérivé de la *pyrazolone* :

$$CH^3COCH^2COOC^2H + AzH^2 - AzH.H =$$

$$\begin{array}{c} CH^3C{-}\!{-}CH^2 \\ \| \quad\quad\; | \\ Az \quad\quad CO \\ \diagdown\;\;\diagup \\ AzH \end{array} + C^2H^5OH + H^2O.$$

La réaction est vive, le mélange s'échauffe et la méthylpyrazolone se dépose en cristaux blancs, solubles dans l'eau et dans l'alcool et qui fondent à 215°.

Avec l'acide *pyruvique*(¹), l'hydrate d'hydrazine produit de l'α-hydrazopropionate d'hydrazine :

$$CH^3.C\left[\begin{array}{c} AzH \\ \diagup\,| \\ | \\ \diagdown\,| \\ AzH \end{array}\right]COOH, Az^2H^4,$$

sous la forme d'une poudre cristalline fondant à 116°.

Avec l'éther méthylpyruvique, il se forme de même l'éther méthyl-α-hydrazopropionique

$$CH^3 - C\begin{array}{c} AzH \\ \diagup\,| \\ | \\ \diagdown\,| \\ AzH \\ COOCH^3 \end{array}$$

fondant à 82°.

(¹) *D. ch. C.*, XXIII, p. 3033

Cet éther traité en solution benzénique froide par l'oxyde de mercure donne l'éther méthyl-α-diazopropionique

$$CH^3CAz^2CO^2CH^3,$$

corps qu'on a pu obtenir directement au moyen du nitrite de sodium réagissant sur l'éther méthyl-α-amidopropionique. Il bout à 53-55° sous 32 millimètres de pression.

Cette réaction est analogue à celle qui se passe quand on traite par l'hydrate d'hydrazine, le benzile ou l'isatine ; il se forme l'hydrazobenzile et l'hydrazoisatine, corps qui, par l'action de l'oxyde de mercure, fournissent l'azobenzile

$$C^6H^5CO$$
$$|$$
$$C^6H^5C = Az^2$$

et l'azoisatine

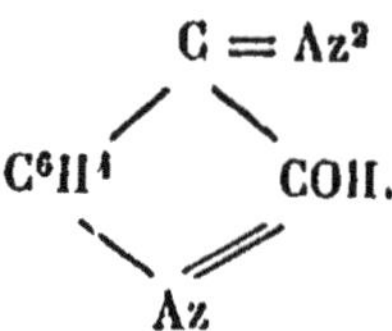

Cette transformation d'une acétone acide en un azoïque, qui lui-même peut être préparé directement, prouve définitivement que dans les diazoïques gras les deux atomes d'azote sont attachés au même atome de carbone.

M. Curtius rattache à l'hydrazine deux acides qu'il a décrits encore sous le nom d'acides *azine-succiniques* et qu'il considère comme des dérivés de l'hydrazine : ce sont les acides *azine-succiniques symétrique* et *dissymétrique*. Leurs éthers se forment surtout quand on chauffe l'éther diazoacétique ou l'éther diazosuccinique à une température voisine de leur point d'ébullition et résultent d'une condensation de plusieurs molécules du composé diazoïque avec élimination partielle d'azote.

Nous avons dans ces corps un exemple du second mode de polymérisation des composés diazoïques avec séparation d'une partie seulement de l'azote.

Acide azine-succinique dissymétrique. — Son éther méthylique se forme quand on chauffe vers 80° le diazosuccinate de méthyle. Lorsque tout dégagement d'azote a cessé, on fait recristalliser le produit dans l'alcool. A l'analyse, il correspond à la formule $C^6H^8AzO^4$ ou à un multiple de cette formule.

Cet éther se présente sous la forme de prismes blancs et soyeux, fusibles avec dégagement d'azote à 149-150°. Il se décompose avec les acides sans donner de sels d'hydrazine, réduit à chaud la liqueur de Fehling, par la chaleur perd de l'azote avec formation d'un composé non déterminé. Traité par l'eau de baryte, il se saponifie et fournit le sel $C^8H^4Az^2O^8Ba^2$, poudre cristalline blanche peu soluble dans les dissolvants neutres.

On extrait l'acide azine-succinique en traitant par une quantité déterminée d'acide sulfurique le sel de baryum tenu en suspension dans l'acétone. La solution laisse l'acide sous la forme de petites aiguilles extrêmement hygroscopiques ; l'éther ne l'enlève pas à ses solutions aqueuses.

La composition du sel de baryte montre que le composé primitif a pour formule $C^{12}H^{16}Az^2O^8$ et constitue l'éther méthylique d'un acide tétrabasique. M. Curtius admet qu'il se forme suivant le schéma :

$$
\begin{array}{l}
Az \\
\| \diagdown \\
 CCO^2CH^3 \\
\diagup | \\
Az \quad CH^2 - CO^2CH^3 \\[1em]
Az \quad CH^2CO^2CH^3 \\
\| \diagdown | \\
 C - CO^2CH^3 \\
\diagup \\
Az
\end{array}
\; = Az^2 \; + \;
\begin{array}{l}
Az = C - CO^2CH^3 \\
| \\
 CH^2 - CO^2CH^3 \\[1em]
 CH^2 - CO^2CH^3 \\
| \\
Az = C - CO^2CH^3
\end{array}
$$

L'acide serait alors

$$
\begin{array}{l}
Az = C - CO^2H \\
| \\
 CH^3 - CO^2H \\[1em]
 CH^2 - CO^2H \\
| \\
Az = C - CO^2H
\end{array}
$$

qu'on pourrait considérer comme dérivant de l'hydrazine $AzH^2 - AzH^2$, en supposant que chaque groupe H^2 est remplacé par le reste bivalent de l'acide succinique

$$
\left(
\begin{array}{l}
C \quad\;\; CO^2H \\
| \\
CH^3 - CO^2H
\end{array}
\right)''.
$$

C'est pour rappeler cette relation que M. Curtius l'a désigné sous le nom d'acide *azine-succinique dissymétrique* pour le distinguer de son isomère, l'acide *azine-succinique symétrique*, qui se forme à l'état d'éther quand on chauffe au bain-marie l'éther diazoacétique tant qu'il se dégage de l'azote.

Le volume d'azote dégagé conduit à l'équation :

$$4CHAz^2CO^2R = C^8H^4Az^2O^8.R^4 + 3Az^2.$$

L'éther qu'on obtient, saponifié de la même façon avec l'eau de baryte, forme un sel insoluble de composition $C^8H^4Az^2O^8Ba^2$, le sel d'un acide tétrabasique.

L'acide libre, qu'on retire de la même manière de son sel de baryum, cristallise dans l'eau en aiguilles blanches et brillantes, déliquescentes et fusibles avec décomposition à 245°.

L'éther méthylique de cet acide, qui est liquide, ne réduit pas à chaud la liqueur de Fehling et se décompose quand on le chauffe à 150°, en azote et fumarate diméthylique

$$Az^2 (CHCO^2CH^3)^4 = Az^2 + 2C^4H^2 (CO^2Ch^3)^2,$$

corps qui fond à 102° et donne avec l'ammoniaque la fumaramide fondant avec décomposition à 232°.

D'après M. Curtius, la constitution de cet acide serait

$$
\begin{array}{c}
CH - CO^2H \\
\diagup \\
Az \\
\diagdown \\
CH - CO^2H \\
CH - CO^2H \\
\diagup \\
Az \\
\diagdown \\
CH - CO^2H
\end{array}
$$

et résulterait de la condensation de quatre molécules d'acide diazoacétique avec élimination de trois molécules d'azote suivant le schéma :

$$
\begin{array}{ccc}
\text{Az} & & \\
\| \diagdown & & \\
 \diagdown\!\!\diagup\; \text{CHCO}^2\text{H} & & \\
\text{Az} & & \\[2mm]
\text{Az} & & \\
\| \diagdown & & \\
\text{CHCO}^2\text{H} & & \\
\text{Az} & & \\[2mm]
\text{Az} & &=\\
\| \diagdown & & \\
\text{CHCO}^2\text{H} & & \\
\text{Az} & & \\[2mm]
\text{Az} & & \\
\| \diagdown & & \\
\text{CHCO}^2\text{H} & & \\
\text{Az} & &
\end{array}
\qquad
\begin{array}{c}
\text{CHCO}^2\text{H}\\
\diagup \quad | \\
\text{Az} \\
\diagdown \quad | \\
\text{CHCO}^2\text{H}\\
\\
\\
\text{CHCO}^2\text{H}\\
\text{Az}\quad | \\
\diagdown \\
\text{CHCO}^2\text{H.}
\end{array}
\qquad + 3\,\text{Az}^2
$$

Il constitue un isomère du précédent acide dont il se distingue en ce sens que, dans la première base, deux azotes
sont reliés chacun au même carbone du groupe méthylène
primitif, tandis que dans celui-ci ils sont unis à des carbones
appartenant à deux groupes méthylènes différents. Cet acide
peut se déduire de l'hydrazine si on substitue à l'hydrazine
de chaque groupe AzH^2 le radical bivalent

$$
\begin{array}{l}
-\;\text{CH} --\text{CO}^2\text{H}\\
\quad\;\; | \\
-\;\text{CH} \cdot\!- \text{CO}^2\text{H,}
\end{array}
$$

qui n'est qu'un reste de l'acide succinique, et, de plus, le partage de l'hydrazine étant dans ce cas symétrique, pour cette raison M. Curtius appelle cet *acide azine-succinique symétrique*.

Il faut remarquer que l'expression d'« azine » dont s'est servi M. Curtius pour désigner ces acides, il l'a appliquée ensuite à tous les composés dérivant de l'hydrazine par substitution totale de l'hydrogène, quoique cette dénomination soit donnée aujourd'hui à toute une classe de corps différents. Elle indiquerait dans ces composés l'existence du groupe tétravalent $(Az - Az)''$. Quant aux dérivés résultant de l'hydrazine par une substitution partielle d'hydrogène, il leur réserve la dénomination générique d'hydrazine.

Par exemple, le composé résultant de la condensation de l'aldéhyde benzylique avec l'hydrazine est $\begin{vmatrix} Az = CHC^6H^5 \\ Az = CHC^6H^5 \end{vmatrix}$; on l'a appelé *benzylidène-azine*, comme aussi le produit formé avec le méthylbenzoyle

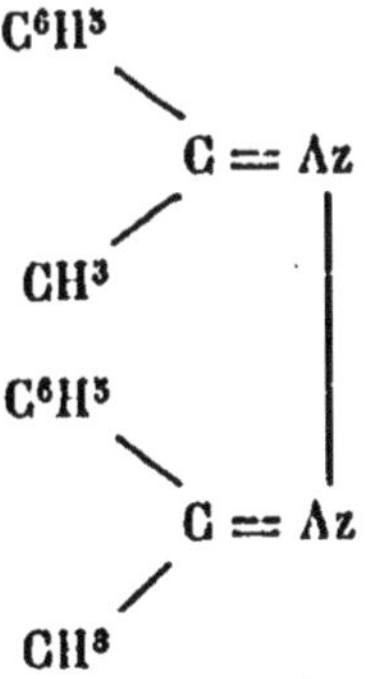

on l'a désigné sous le nom de *méthylphénylcétazine ;* tandis

que le corps

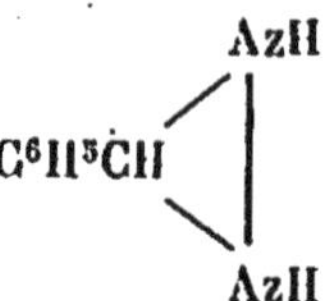

pourrait être appelé *benzylidène-hydrazine*. Pour la même raison, les composés résultant de l'action de l'hydrazine sur le benzylglycolate d'éthyle s'appellent benzoylhydrazine, acide hydrazine-acétique, etc. Les hydrazines à leur tour seront distinguées en symétriques et asymétriques. Le corps

$C^6H^5CH^2 — AzH$
        $|$, résultant de la benzylidène-azine, consti-
$C^6H^5CH^2 — AzH$

tuerait la benzylhydrazine symétrique.

Nous avons dit en passant que les acides non saturés se combinent avec l'éther de l'acide diazoacétique en formant des composés d'addition bien définis que M. Buchmer a étudiés avec détail.

M. Curtius admet dans ces composés l'existence d'une liaison de l'azote avec le groupe méthylène, pareille à celle qui existerait dans la seconde formule donnée à la benzyli-dène-azine

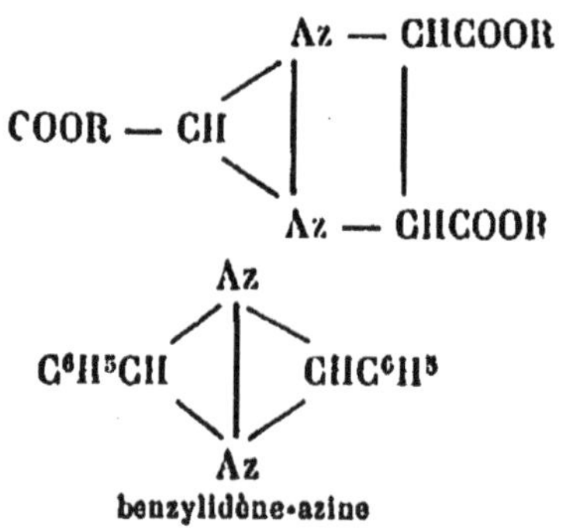

benzyllidène-azine

et résultant de la rupture des doubles liaisons, ce qui arriverait aussi dans la combinaison de l'éther diazoacétique avec
des hydrocarbures aromatiques.

$$C^2H^2(CO^2R)^2 + \begin{array}{c} Az \\ || \\ || \\ Az \end{array}\!\!\bigg\rangle CH\!-\!COOR = \begin{array}{c} CO^2R-CH-Az \\ | \quad\quad | \\ | \quad\quad | \\ CO^2R-CH-Az \end{array}\!\!\bigg\rangle CH\!-\!CO^2R$$

éther fumarique   acide fumarazine-acétique

$$CH^2\!\!=\!\!CHCOOCH^3 + \begin{array}{c} Az \\ || \\ || \\ Az \end{array}\!\!\bigg\rangle CH\!-\!COOR = \begin{array}{c} CH^2-Az \\ | \quad\quad | \\ | \quad\quad | \\ CO^2CH^3-CH-Az \end{array}\!\!\bigg\rangle CH\!-\!CO^2R$$

éther acrylique   éther acrylazine-acétique

$$C^6H^5CH\!=\!CHCOOH + \begin{array}{c} Az \\ || \\ || \\ Az \end{array}\!\!\bigg\rangle CH\!-\!CO^2H = \begin{array}{c} CH^5-CH-Az \\ | \quad\quad | \\ | \quad\quad | \\ COOH-CH-Az \end{array}\!\!\bigg\rangle CHCOOH$$

acide cinnamique   éther cinnamylazine-acétique

Et, en fait, ces composés d'addition se comportent de la
même façon que la benzylidène-azine. Par ébullition avec les
acides minéraux, ils éliminent l'azote à l'état d'hydrazine; sous
l'influence de la chaleur, au contraire, l'azote se dégage à
l'état gazeux, avec union du reste de la molécule dans un
produit plus complexe. La benzylidène-azine forme le stilbène
et l'acide fumarazine-acétique, l'acide triméthylène-tricar-
bonique :

$$C^6H^5CH \begin{array}{c} Az \\ \diagup \big| \diagdown \\ \diagdown \big| \diagup \\ Az \end{array} CH\ C^6H^5 = Az^2 + C^6H^5CH = CHC^6H^5$$

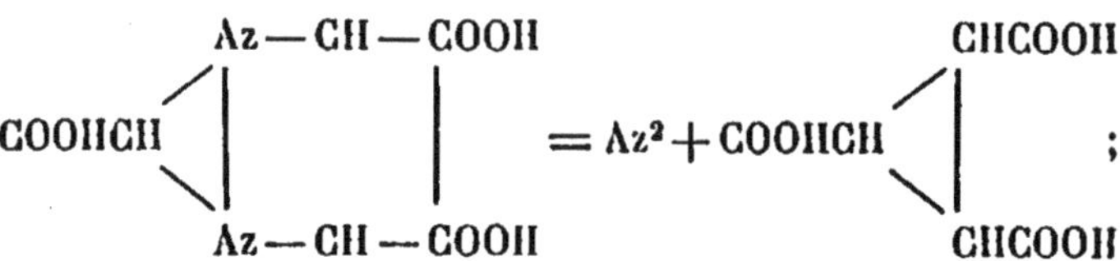

l'acide cynnamazine-acétique donne l'acide phényltrimé-
thylène-dicarbonique.

Les acides azine-succiniques se comportent de la même
manière. L'éther tétraméthylique de l'acide succinique
symétrique produit par la chaleur le fumarate diméthylique :

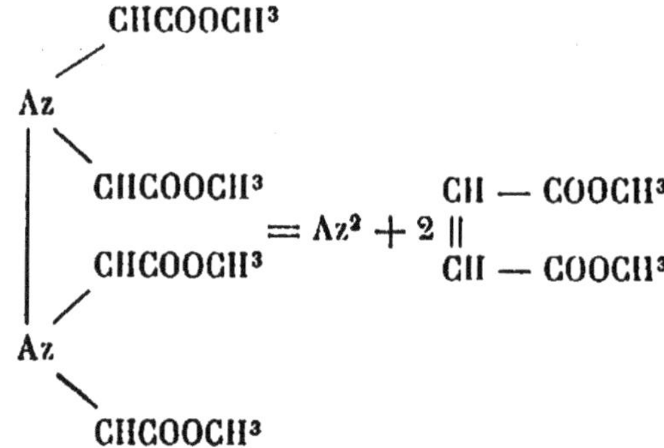

La même éther de l'acide asymétrique donne également
l'éther d'un acide qui n'a pas pu être caractérisé ; peut-être
est-ce le maléate diméthylique ? Mais, d'un autre côté, les
acides azine-succiniques ne donnent pas d'hydrazine par
ébullition avec les acides ; l'auteur pense que cela tient
peut-être à une certaine difficulté que mettraient les restes
succiniques à l'oxydation, difficulté qui ne s'observe pas dans
le cas du reste acétique $(CHCOOH)''$ ou du groupe benzylidène
$(CHC^6H^5)''$. Les produits de condensation des acétones avec
l'hydrazine se décomposent également par la chaleur avec

dégagement d'azote, excepté la méthylphényl-cétazine qui distille sans décomposition. Par ébullition avec les acides, ils se transforment dans leurs composants.

Il résulte de là que pour qu'un groupe de deux azotes doublement ou simplement unis puisse engendrer l'hydrazine, par fixation de l'hydrogène de l'eau, il faut qu'ils soient unis avec deux restes carbonés capables de fixer facilement l'oxygène. Le noyau benzénique semble incapable d'une pareille oxydation, ce qui expliquerait pourquoi on n'a pas pu obtenir de l'hydrazine libre par l'action des acides ou des réducteurs sur une combinaison aromatique, azoïque, hydrazoïque ou azinique. Dans l'acide triazoacétique il existe le groupe $(CHCOOH)''$ facilement oxydable (acide oxalique), dans la benzylidène-azine le groupe $(C^6H^5CH)^{2''}$ passant facilement à l'aldéhyde et, par là, ajoutant aux atomes d'azote l'hydrogène nécessaire à la formation de l'hydrazine.

Benzoylhydrazine. — L'hydrate d'hydrazine réagit avec perte d'eau sur le benzoylglycolate d'éthyle en donnant deux dérivés hydraziniques, deux hydrazines primaires, la benzoyl-hydrazine et l'amidoglycocolle ou hydrazine-acétate d'éthyle. Cette réaction se passe entre une molécule d'éther et deux molécules d'hydrazine, suivant l'équation

$$C^6H^5COOCH^2COOC^2H^5 + 2Az^2H^4$$
$$= C^6H^5CO{\cdot}{-}AzH{-}AzH^2 + AzH^2{-}AzH.CH^2COOC^2H^5 + H^2O.$$

Ces deux composés, la benzoylhydrazine et l'acide hydrazine-acétique, sont des dérivés monosubstitués de l'hydrazine et possèdent une constitution et des propriétés analogues à celles de la phénylhydrazine. Tous les deux donnent des produits de condensation incolores et bien caractérisés avec les aldéhydes. Leur constitution ressort du fait que par l'ébullition avec les acides et les alcalis, ces composés se transforment en leurs composants.

La benzoylhydrazine $C^6H^5COAzHAzH^2$ se dépose en cristaux du mélange qui a servi à sa préparation et constitue de grandes feuilles brillantes (de l'alcool) fondant à 112°; elle réduit à froid la liqueur de Fehling, se dissout assez facilement dans l'eau et l'alcool froids ; très facilement à chaud et ne s'altère pas à l'ébullition avec l'eau; elle est peu soluble dans l'éther chaud et se décompose quand on la chauffe avec les alcalis et les acides en ses composants

$$C^6H^5COAzHAzH^2 + H^2O = C^6H^5COOH + Az^2H^4$$

elle se combine intégralement molécule à molécule avec l'aldéhyde benzylique pour donner la *benzoylbenzylidénehydrazine* $C^6H^5COAzH - Az = CH - C^5H^5$ qui cristallise de l'alcool chaud en longues aiguilles incolores insolubles dans l'eau, peu solubles dans l'éther chaud et fondant à 203°.

Quand on chauffe la benzoylhydrazine, il se dégage Az^2H^4 et en même temps il se forme la *dibenzoylhydrazine* symétrique $C^6H^5COAzH - AzHCOC^6H^5$, qui cristallise de l'alcool chaud en fines aiguilles soyeuses; elle est très peu soluble dans l'eau et fond à 233°; elle se décompose par ébullition avec les acides ou les alcalis en acide benzoïque et hydrazine. Avec le nitrite de sodium en solution acétique, elle fournit la benzoylazoïmide.

L'amidoglycocolle ou l'acide hydrazineacétique $Az^2H - AzH - CH^2 COOH$. — C'est le second corps qui se forme à l'état d'éther dans la réaction de l'hydrazine sur le benzoylglycolate d'étnyle et qu'on retrouve dans les eaux mères après la séparation de la benzoylhydrazine. Il rappelle beaucoup le glycocolle et se présente en grandes tables dures facilement solubles dans l'eau froide, l'alcool chaud, et insolubles dans l'éther; il fond à 93° et possède un goût doux et rafraîchissant. Il est neutre et se dissout dans les solutions alcalines de cuivre, avec coloration violet foncé, et colore en rouge la solution neutre de perchlorure de fer. Il réduit à chaud la liqueur de Fehling et à froid la solution ammoniacale d'azotate d'argent. Il se décompose à chaud par les alcalis ou les acides en acide glycolique et hydrazine :

$$AzH^2AzHCH^2COOH + H^2O = Az^2H^4 + CH^2OH - COOH$$

L'amidoglycocolle en solution faiblement alcaline se combine par agitation avec l'aldéhyde benzylique, molécule à molécule, pour former l'acide *benzilidènehydrazine-acétique* $C^6H^5CH = Az - AzH - CH^2COOH$, qui se dépose de l'alcool chaud en aiguilles soyeuses fusibles à 156°; il est peu soluble dans l'eau.

Traité par le nitrite de sodium en solution acétique, il donne également l'acide *azimidoacétique*

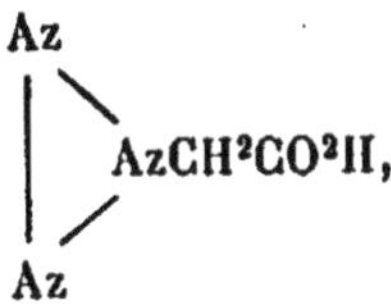

corps qui n'a pas été encore isolé.

Hippurylhydrazine $C^6H^5COAzHCH^2COAzH - AzH^2$. — Elle se forme en quantité théorique quand on traite par l'hydrazine (une molécule) l'éther hippurique dissous dans le moins possible d'alcool bouillant

$$C^6H^5COAzHCH^2CO^2C^2H^5 + Az^2H^4$$
$$= C^6H^5COAzHCH^2COAzH - AzH^2 + C^2H^2OH.$$

Cette réaction de l'hydrazine sur l'éther d'un acide est inté-ressante et pourra s'étendre à d'autres corps analogues. On obtient des aiguilles incolores fusibles à 162°,5, solubles dans l'eau, peu solubles dans l'éther chaud ; elles réduisent les sels d'argent à chaud et colorent la liqueur de Fehling en vert émeraude. Par ébullition avec les acides ou les alcalis, ce corps se décompose en ses composants. Agité avec de l'aldéhyde benzylique en solution aqueuse, il se combine en formant l'hippurylbenzylidène-hydrazine

$$C^6H^5COAzHCH^2COAzHAz = CH - C^6H^5,$$

cristallisant de l'alcool en petites feuilles brillantes fusibles à 82°.

L'hippurylhydrazine se combine de même avec l'acide ni-treux pour donner un corps dont la formule peut être :

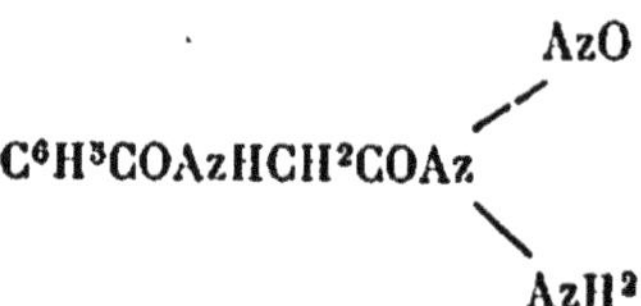

Acide azothydrique ou azoïmide Az^3H. — On sait que si on traite un sel d'ammoniaque par un nitrite, il se forme de l'azote et de l'eau suivant l'équation :

$$AzH^4Cl + AzO^2Na = Az^2 + 2H^2O + NaCl.$$

Une réaction analogue avec un sel d'hydrazine devrait

donner l'azoïmide

$$AzH^3Cl \Big| + AzO^2Oa = {Az \atop Az}\!\!\Big\rangle\!\!AzH + 2H^2O + NaCl.$$

Mais ce corps si intéressant, qui constitue un acide analogue aux acides halogénés, s'obtient très difficilement par ce moyen. D'autres procédés ont permis à M. Curtius de le préparer avec plus de facilité.

Des dérivés organiques de l'azoïmide sont depuis longtemps connus. Par exemple la diazobenzolimide, découverte par M. Griess et préparée par M. E. Fischer à l'aide de la nitrosophénylhydrazine, est l'éther phénique de cet acide. La suite des réactions conduisant de la phénylhydrazine à la diazobenzolimide est la même que celle conduisant de la benzoylhydrazine à la benzoylazoïmide ou de l'hydrazine à l'azoïmide.

$$C^6H^5Az\,(AzOAzH^2) = C^6H^5.Az\,{Az \atop Az}\!\!\Big\rangle + H^2O$$

nitrosophénylhydrazine   diazobenzolimide

$$C^6H^5COAzH\,(AzO)\,AzH^2 = C^6H^5COAz\,{Az \atop Az}\!\!\Big\rangle + H^2O$$

nitrosobenzoylhydrazine   benzoylazoïmide

$$HAz\,(AzO) - AzH^2 = HAz\,{Az \atop Az}\!\!\Big\rangle + H^2O$$

nitrosohydrazine   azoïmide

Nous avons dit, en passant, que la benzoylhydrazine, l'acide hydrazine-acétique et l'hippurylhydrazine forment avec l'acide nitreux des composés qui se rattachent à l'acide azothydrique, et de la destruction desquels résulte ce corps. Nous allons décrire d'abord la préparation et les propriétés de ces composés.

Le *benzoylazoïmide* s'obtient quand on traite *la benzoyl-hrydrazine* en solution aqueuse par une molécule de nitrite de sodium en acidulant la liqueur refroidie par de l'acide acétique; il se sépare un produit huileux qu'on solidifie par agitation dans l'eau glacée.

Le composé qui se forme dérive de l'azotite de la base par perte immédiate de deux molécules d'eau

$$C^6H^5COAzH - AzH^2 + AzO - OH = C^6H^5COAz \underset{Az}{\overset{Az}{\Big\|}} + 2H^2O$$

La benzoylazoïmide cristallise en prismes incolores fusibles à 29-30°, possède une odeur forte de chlorure de benzoyle et attaque fortement les muqueuses; elle distille avec la vapeur d'eau sans décomposition et fait explosion quand on la chauffe, avec une faible détonation. Elle est insoluble dans l'eau, soluble dans l'éther, l'alcool, neutre, au tournesol, ne réduit pas la liqueur de Fehling, mais réduit à chaud la solution ammoniacale de nitrate d'argent. Par ébullition avec les acides elle ne se décompose pas, mais, avec les alcalis donne les sels correspondants des acides azothydrique et benzoïque:

$$C^6H^5COAz \underset{Az}{\overset{Az}{\Big\|}} + 2NaOH = C^6H^5COONa + \underset{Az}{\overset{Az}{\Big\|}} AzNa + H^2O.$$

L'acide hydrazine-acétique fournit dans les mêmes circonstances, avec le nitrite de sodium, l'acide azoïmido-acétique

$$AzH^2.AzHCH^2COOH + AzOOH = \overset{Az}{\underset{Az}{\big\|\big\rangle}} AzCH^2COOH + H^2O.$$

Ce corps n'a pas été encore isolé ; mais sa solution aqueuse traitée par les alcalis ou les acides engendre également l'acide azothydrique.

La nitrosohippurrylhydrazine résulte de la combinaison de l'acide nitreux avec l'hippurylhydrazine. Dans le cas présent, il ne se produit pas spontanément par perte d'eau l'hippurylhydrazine-azoïmide, mais un corps dont la constitution peut être

$$C^6H^5COAzH.CH^2COAz \overset{\displaystyle AzO}{\underset{\displaystyle AzH^2.}{\big\langle}}$$

La question n'est pas suffisamment éclaircie ; les analyses mêmes n'ont donné aucun nombre précis. Ce corps possède d'ailleurs la même propriété que la benzoylazoïmide, de fournir par l'ébullition avec les acides, et plus facilement avec les alcalis, l'acide azothydrique et l'acide hippurique, ce qui rend probable la formule donnée :

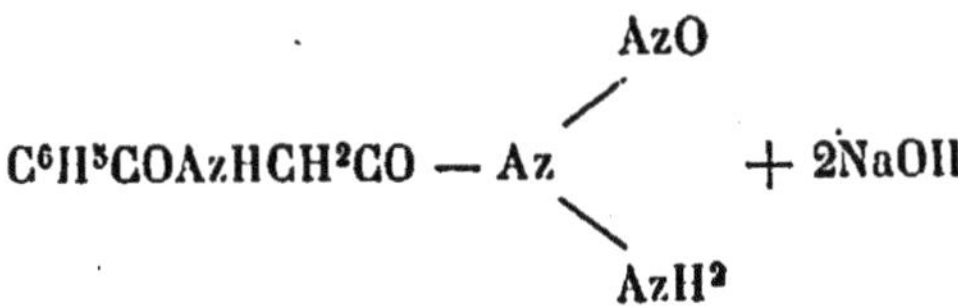

$$C^6H^5COAzHCH^2CO - Az \overset{\displaystyle AzO}{\underset{\displaystyle AzH^2}{\big\langle}} + 2NaOH$$

$$C^6H^5COAzHCH^2COONa + \underset{Az}{\overset{Az}{\big\|}}\!\!>AzNa + 2H^2O.$$

Pour préparer ce corps, on dissout l'hippurylhydrazine dans beaucoup d'eau chaude et additionnée d'un peu plus d'une molécule d'azotite de sodium, on refroidit à 0° et on ajoute un excès d'acide acétique. On sépare et on sèche à l'air la substance insoluble dans l'eau froide, qui se forme; on la met ensuite à cristalliser dans l'éther ou l'alcool Elle forme des aiguilles incolores, anisotropes, fondant à 98°. Cette nitrosoamine donne bien la réaction de Liebermann, possède un goût brûlant et provoque de violents éternuements. Chauffée avec l'eau, elle laisse dégager un gaz indifférent et forme une substance très peu soluble, non encore étudiée. Elle possède une réaction acide et se dissout dans les alcalis; la solution est fluorescente et présente une coloration bleue par réflexion. La solution ammoniacale additionnée d'azotate d'argent donne un précipité blanc de sel d'argent explosif.

L'acide azothydrique peut donc être préparé au moyen d'un des trois corps qu'on vient de décrire; mais le procédé le plus commode, c'est celui où l'on part de l'hippurylhydrazine qui s'obtient avec le plus de facilité.

PRÉPARATION DE L'ACIDE AZOTHYDRIQUE. — On transforme l'hippurylhydrazine brute, de la manière indiquée, en nitrosoamine; on sépare celle-ci et on la dissout, après l'avoir bien lavée à l'eau, dans une solution très étendue de soude. Cette solution alcaline, qu'on a placée dans un ballon muni d'un entonnoir à robinet et d'un réfrigérant descendant, on la chauffe pendant quelque temps au bain-marie ; on ajoute lentement de l'acide sulfurique étendu dans le liquide maintenu à l'ébullition. L'acide azothydrique distille avec la vapeur d'eau. On laisse couler le liquide dans une solution neutre de sel d'argent et on arrête l'opération dès qu'il n'y a plus précipitation. On sépare le sel, on le lave à l'eau et on le sèche sans danger à 60-70°. Le produit brut obtenu contient la quantité théorique d'argent. Le résidu de la distillation refroidi donne des cristaux d'acide hippurique. Si on emploie la soude concentrée, on trouve, à côté de l'acide hippurique, de l'acide benzoïque, de l'ammoniaque et de l'hydrazine.

L'acide azothydrique est dégagé ensuite du sel d'argent par de l'acide sulfurique faible; on le purifie par une nouvelle transformation en sel. Le liquide recueilli donne d'abord du gaz; puis, distille dans les premières portions qui passent à 90-100°, un acide très concentré, à 27 0/0 (titré par l'eau de baryte). On a renoncé à concentrer davantage par fractionnement à cause des dangers d'explosion. Le liquide à 27 0/0 va vers le fond du récipient en stries épaisses, possède une odeur insupportable et forme des nuages épais avec l'ammoniaque. En continuant la distillation, il passe jusqu'à la fin un liquide étendu.

Propriétés. — L'acide azothydrique est un gaz, d'une odeur particulière, très dangereux. Même à l'état très étendu, il provoque des étourdissements, des maux de tête et en même temps une violente inflammation de la muqueuse nasale; la solution aqueuse corrode l'épiderme. Il constitue un acide monobasique fort, absorbé par l'eau et de tous les points comparable à l'acide chlorhydrique, propriété qui justifie son nom. Il colore fortement le papier de tournesol en rouge clair.

Une solution à 7 0/0 dissout le fer, le zinc, le cuivre, l'aluminium, le magnésium avec un vif dégagement d'hydrogène, précipite quantitativement les solutions d'azotate d'argent et d'azotate mercureux à l'état de Az^3Ag et $(Az^3)^2Hg$, réactions utilisées pour séparer et purifier l'acide. A l'état concentré, il paraît mieux attaquer l'or et l'argent ; à leur contact, il se colore en rouge. La dissolution des métaux ou la neutralisation par les bases fournissent des sels comparables aux chlorures. Le sel de baryum Az^6Ba^2 forme des cristaux anisotropes, brillants et durs, sans eau de cristallisation ; il est facilement soluble dans l'eau, est neutre et brule, sans détonation violente, avec une flamme verte.

Le sel d'argent est en petits prismes anisotropes, insolubles dans l'eau et les acides étendus, solubles dans les acides minéraux concentrés ; fond à $250°$ et fait une violente explosion avec flamme verte. L'eau bouillante ne l'altère pas ; insensible à la lumière, ce qui le distingue de AgCl, il se dissout dans une solution ammoniacale sans se réduire par ébullition.

Le *triazoture mercureux* $(Az^3)^2Hg^2$ cristallise en cristaux blancs insolubles dans l'eau ; très explosif ; se colore, comme le calomel, en noir par l'ammoniaque.

$(Az^3)^2Cu^2$ et $Fe (Az^3)^2$ forment des précipités rouges cristallins insolubles et très explosifs.

Az^3Na comme $Az^3.AzH^4$ sont des sels cristallisés, sans avoir les mêmes formes que les chlorures. Az^4H^4 se dissocie et est volatil vers $100°$.

Quand on veut concentrer les solutions rouges de sels de fer, de cuivre et d'or, il y a précipitation, outre une partie du métal, de combinaisons peu solubles analogues aux sels de sous-oxyde.

L'acide sulfurique étendu met l'acide en liberté dans les solutions des triazotures. L'acide sulfurique concentré à chaud détruit complètement l'acide mis en liberté avec un dégagement lent de gaz. On ne peut donc pas préparer Az^3H anhydre de la même manière que HCl.

L'acide azothydrique se distingue des acides halogénés seulement par ses propriétés très explosives, qui obligent à de très grandes précautions dans sa manipulation. A l'état anhydre, il est presque impossible de le manier. M. Curtius a failli être victime de violentes explosions. Environ 2 centilitres d'une solution aqueuse à 27 0/0 ont fait explosion, au moment où on scellait un tube capillaire de verre pour le conserver, avec une très forte détonation et mise en poussière du tube à parois épaisses. Quelques milligrammes de sel d'argent ou de sel mercureux détonent avec une grande violence par le choc ou la chaleur. Les combinaisons avec les métaux alcalins ou alcalinoterreux sont un peu moins explosives. Le sel de baryum peut s'analyser par combustion avec l'oxyde de cuivre. Cette analyse, comme aussi le dosage d'argent, par voie humide, du sel argentique, ont permis d'établir la composition de cet acide, dont la formule est

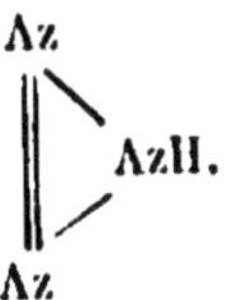

A ce propos il faut ajouter que, dans une note récente, purement théorique, M. Mendélcieff [1] suppose que la constitution

[1] *D. Ch. G.*, t. XXIII, p. 3464, et *Bull. S. Ch.* (3ᵉ série), V, p. 406.

de cet acide pourrait être linéaire et se déduire, par perte
de quatre molécules d'eau, du sel ammonical

$$AzO (OAzH^4)^2 OH$$

de l'acide orthoazotique $AzO (OH)^3$, l'hydrate hypothétique
correspondant à l'acide phosphorique ordinaire :

$$AzO^1H (AzH^4)^2a = 4H^2O + Az^3H.$$

La perte d'une première molécule d'eau donnerait

$$AzO.AzH^2.OAzH^4.OH$$

qui n'est autre que l'azotate d'ammonium monoammonia·
cal $AzO^3AzH^4AzH^3$ découvert par M. Raoult. Le départ
d'une seconde laisserait $AzO (AzH^2)^2 OH$, et après la troisième, il resterait un corps à la fois amide et imide

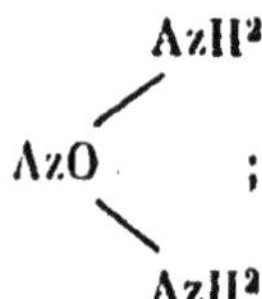

d'où on arriverait par l'enlèvement de la dernière molécule
d'eau à un résidu imide

$$AzH^2 - Az = AzH = H^2O + Az \equiv Az = Az - H.$$
$$\| $$
$$O$$

Cette imide ne serait autre que l'acide azothydrique de

M. Curtius, qui, au contraire, en fait l'imide

$$\text{Az} \nparallel \text{Az} \qquad \text{AzH de l'acide hypoazoteux} \qquad \begin{matrix} \text{AzOH} \\ \| \\ \text{AzOH} \end{matrix}$$

M. Mendéléieff pense que si l'H du corps Az^3H a un caractère fortement électro-négatif, c'est qu'il provient du groupe OH de l'acide orthoazotique et, si cette imide est un acide plus énergique que d'autres nitriles ou imides, comme, par exemple, les acides cyanhydriques ou cyaniques auxquels il le compare, cela tient à la place qu'occupe l'azote dans la classification périodique des éléments. Il se demande aussi si les transformations qu'on observe dans la série du cyanogène : polymérisation (acides cyanique, cyanurique), sels doubles spéciaux (ferrocyanures, etc.), transformations isomériques (cyanate d'ammonium et urée), ne se retrouvent pas aussi dans l'acide azothydrique et ses dérivés. L'azoture d'ammonium de formule dissymétrique pourrait se transformer dans un azoture symétrique à la fois nitrile et diamide

$$\text{Az} \equiv \text{Az} = \text{Az} \cdots \text{AzH}^4 \quad = \quad \text{Az} \equiv \text{Az} \begin{matrix} \nearrow \text{AzH}^2 \\ \searrow \text{AzH}^2 \end{matrix}$$

D'après la formule de M. Curtius ce serait $\begin{matrix} \text{Az} - \text{AzH}^2 \\ \| \\ \text{Az} - \text{AzH}^2 \end{matrix}$ l'amide de l'acide hypoazoteux.

On pourrait aussi arriver à découvrir des sels doubles

colorés, comme les ferroazotures analogues aux ferrocyanures qui devront donner avec les sels ferriques des précipités analogues au bleu de Prusse, mais explosifs à l'état sec.

Quelle que soit la constitution de ce composé, il n'en est pas moins vrai que sa découverte est une des plus intéressantes qui aient été faites dans ces derniers temps.

On connaît d'ailleurs déjà un composé azotophosphoré analogue au moins de composition que je dois mentionner ici : le *phosphame* qui constitue un intéressant composé hydrogéné de l'azote dont la composition, d'après Gerhardt, est PAz^2H.

Ce que vous venez d'entendre, Messieurs, se trouve détaillé, en partie, dans cinq mémoires publiés dans le *Journal für praktische Chemie*, tome XXXVIII (2), pages 394, 472, 531 ; tome XXXIV (1), pages 27 et 107, en partie, dans les *Berichte* de la Société chimique de Berlin.

Les combinaisons hydrogénées de l'azote viennent de s'enrichir ainsi de nouveaux corps aux propriétés les plus curieuses auxquels d'autres viendront sans doute s'ajouter. Si on se permettait une comparaison avec les composés hydrogénés du carbone, AzH^2 — AzH^2 serait à l'ammoniaque AzH^3 ce que CH^3 — CH^3 est au méthane CH^4. Peut-être aurons-nous lieu prochainement d'enregistrer un propane de l'azote ou d'autres composés supérieurs hydroazotés, et, dans un avenir prochain, d'autres faits surgiront qui jetteront un jour nouveau sur la chimie de l'azote.

FIN DU TROISIÈME FASCICULE

TABLE DES MATIÈRES

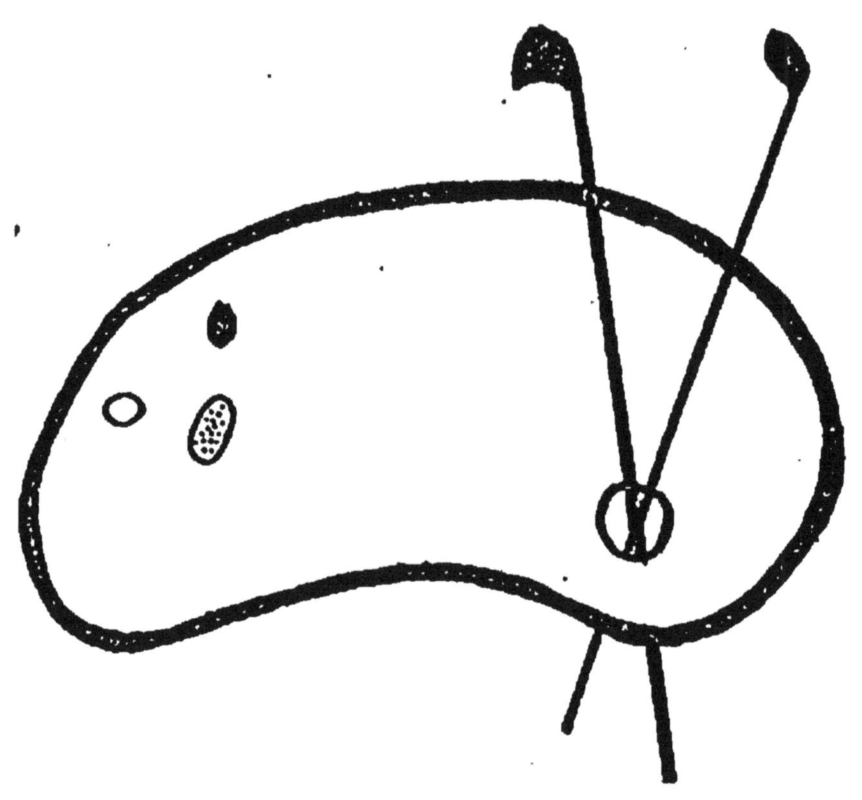

ORIGINAL EN COULEUR
N° Z 43-120-8

9 782013 669412